수학 좀 한다면

디딤돌 초등수학 원리 4-2

펴낸날 [개정판 1쇄] 2023년 12월 10일 | **펴낸이** 이기열 | **펴낸곳** (주)디딤돌 교육 | **주소** (03972) 서울특별시 마포구 월드컵북로 122 청원선와이즈타워 | **대표전화** 02-3142-9000 | **구입문의** 02-322-8451 | **내용문의** 02-323-9166 | **팩시밀리** 02-338-3231 | **홈페이지** www.didimdol.co.kr | **등록번호** 제10-718호 | 구입한 후에는 철회되지 않으며 잘못 인쇄된 책은 바꾸어 드립니다. 이 책에 실린 모든 삽화 및 편집 형태에 대한 저작권은 (주)디딤돌 교육에 있으므로 무단으로 복사 복제할 수 없습니다. Copyright © Didimdol Co. [2402500]

내 실력에 딱!
최상위로 가는 '맞춤 학습 플랜'

STEP 1 On-line
나에게 맞는 공부법은?
맞춤 학습 가이드를 만나요.

교재 선택부터 공부법까지! 디딤돌에서 제공하는 시기별 맞춤 학습 가이드를 통해 아이에게 맞는 학습 계획을 세워 주세요. (학습 가이드는 디딤돌 학부모카페 '맘이가'를 통해 상시 공지합니다. cafe.naver.com/didimdolmom)

STEP 2 Book
맞춤 학습 스케줄표
계획에 따라 공부해요.

교재에 첨부된 '맞춤 학습 스케줄표'에 맞춰 공부 목표를 달성합니다.

STEP 3 On-line
이럴 땐 이렇게!
'맞춤 Q&A'로 해결해요.

궁금하거나 모르는 문제가 있다면, '맘이가' 카페를 통해 질문을 남겨 주세요. 디딤돌 수학쌤 및 선배맘님들이 친절히 답변해 드립니다.

STEP 4 Book
다음에는 뭐 풀지?
다음 교재를 추천받아요.

학습 결과에 따라 후속 학습에 사용할 교재를 제시해 드립니다. (교재 마지막 페이지 수록)

 ★ 디딤돌 플래너 만나러 가기

디딤돌 초등수학 원리 **4-2**

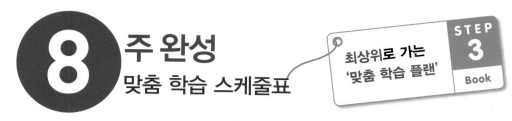

8 주 완성
맞춤 학습 스케줄표

최상위로 가는
'맞춤 학습 플랜'

STEP
3
Book

짧은 기간에 집중력 있게 한 학기 과정을 완성할 수 있도록 설계하였습니다.
방학 때 미리 공부하고 싶다면 주 5일 8주 완성 과정을 이용해요.

공부한 날짜를 쓰고 하루 분량 학습을 마친 후, 부모님께 확인 check ☑를 받으세요.

❶ 분수의 덧셈과 뺄셈

1주					2주	
월 일	월 일	월 일	월 일	월 일	월 일	월 일
8~11쪽	12~15쪽	16~19쪽	20~23쪽	24~27쪽	28~30쪽	31~33쪽

❷ 삼각형 / ❸ 소수의

3주				4주		
월 일	월 일	월 일	월 일	월 일	월 일	월 일
46~49쪽	50~53쪽	54~56쪽	57~59쪽	62~65쪽	66~69쪽	70~73쪽

❸ 소수의 덧셈과 뺄셈 / ❹ 사각형

5주					6주	
월 일	월 일	월 일	월 일	월 일	월 일	월 일
85~87쪽	88~90쪽	91~93쪽	96~99쪽	100~103쪽	104~107쪽	108~111쪽

❹ 사각형 / ❺ 꺾은선그래프

7주					8주	
월 일	월 일	월 일	월 일	월 일	월 일	월 일
123~125쪽	128~131쪽	132~133쪽	134~137쪽	138~140쪽	141~143쪽	146~149쪽

MEMO

효과적인 수학 공부 비법

시켜서 억지로

내가 스스로

억지로 하는 일과 즐겁게 하는 일은 결과가 달라요.
목표를 가지고 스스로 즐기면 능률이 배가 돼요.

가끔 한꺼번에

매일매일 꾸준히

급하게 쌓은 실력은 무너지기 쉬워요.
조금씩이라도 매일매일 단단하게 실력을 쌓아가요.

정답을 몰래

개념을 꼼꼼히

정답

개념

모든 문제는 개념을 바탕으로 출제돼요.
쉽게 풀리지 않을 땐, 개념을 펼쳐 봐요.

채점하면 끝

틀린 문제는 다시

왜 틀렸는지 알아야 다시 틀리지 않겠죠?
틀린 문제와 어림짐작으로 맞힌 문제는 꼭 다시 풀어 봐요.

디딤돌 초등수학 원리 4-2

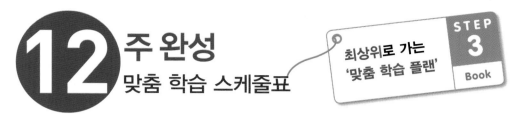

12 주 완성 맞춤 학습 스케줄표

최상위로 가는 '맞춤 학습 플랜'

STEP 3 Book

여유를 가지고 깊이 있게 한 학기 과정을 완성할 수 있도록 설계하였습니다.
학기 중 교과서와 함께 공부하고 싶다면 주 5일 12주 완성 과정을 이용해요.

공부한 날짜를 쓰고 하루 분량 학습을 마친 후, 부모님께 확인 check ☑를 받으세요.

❶ 분수의 덧셈과 뺄셈

1주
월 일	월 일	월 일	월 일	월 일
8~9쪽	10~11쪽	12~13쪽	14~15쪽	16~17쪽

2주
월 일	월 일
18~19쪽	20~21쪽

❶ 분수의 덧셈과 뺄셈 / ❷ 삼각형

3주
월 일	월 일	월 일	월 일	월 일
28~30쪽	31~33쪽	36~37쪽	38~39쪽	40~42쪽

4주
월 일	월 일
43~45쪽	46~47 쪽

❷ 삼각형 / ❸ 소수의 덧셈과 뺄셈

5주
월 일	월 일	월 일	월 일	월 일
54~56쪽	57~59쪽	62~63쪽	64~65쪽	66~67쪽

6주
월 일	월 일
68~70쪽	71~73쪽

❸ 소수의 덧셈과 뺄셈

7주
월 일	월 일	월 일	월 일	월 일
80~81쪽	82~84쪽	85~87쪽	88~90쪽	91~93쪽

8주
월 일	월 일
96~97쪽	98~99쪽

❹ 사각형

9주
월 일	월 일	월 일	월 일	월 일
108~109쪽	110~111쪽	112~113쪽	114~116쪽	117~119쪽

10주
월 일	월 일
120~122쪽	123~125쪽

❺ 꺾은선그래프 / ❻

11주
월 일	월 일	월 일	월 일	월 일
134~135쪽	136~137쪽	138~140쪽	141~143쪽	146~147쪽

12주
월 일	월 일
148~149쪽	150~151쪽

효과적인 수학 공부 비법

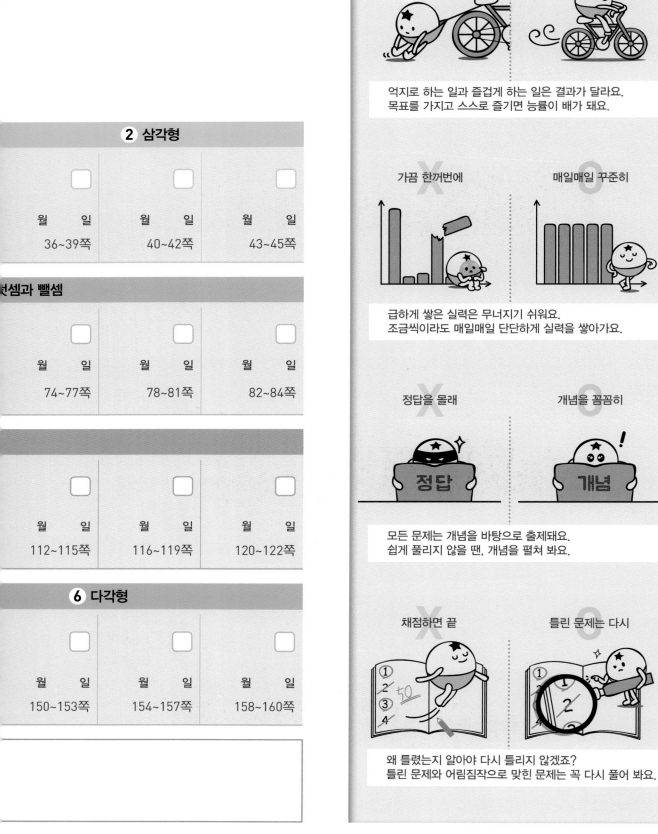

시켜서 억지로 ✗   내가 스스로 ○

억지로 하는 일과 즐겁게 하는 일은 결과가 달라요.
목표를 가지고 스스로 즐기면 능률이 배가 돼요.

가끔 한꺼번에 ✗   매일매일 꾸준히 ○

급하게 쌓은 실력은 무너지기 쉬워요.
조금씩이라도 매일매일 단단하게 실력을 쌓아가요.

정답을 몰래 ✗   개념을 꼼꼼히 ○

정답   개념

모든 문제는 개념을 바탕으로 출제돼요.
쉽게 풀리지 않을 땐, 개념을 펼쳐 봐요.

채점하면 끝 ✗   틀린 문제는 다시 ○

왜 틀렸는지 알아야 다시 틀리지 않겠죠?
틀린 문제와 어림짐작으로 맞힌 문제는 꼭 다시 풀어 봐요.

수학 좀 한다면

초등수학
원리

상위권을 향한 첫걸음

4-2

구성과 특징

교과서의 핵심 개념을 한눈에 이해하고

교과서 개념

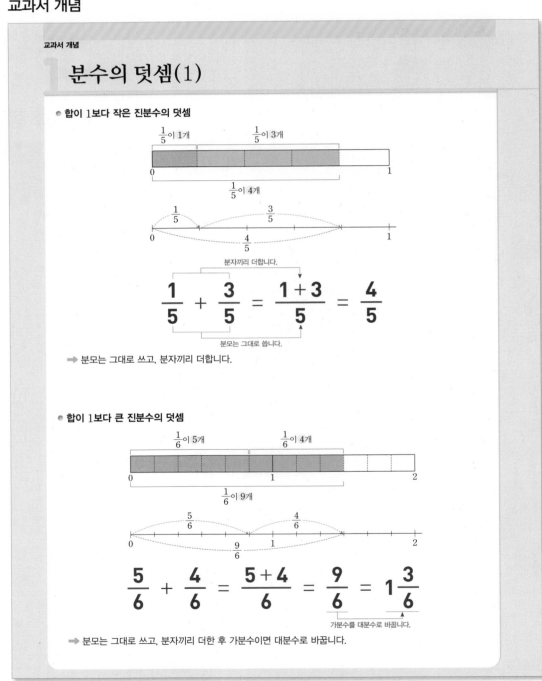

교과서 개념

1 분수의 덧셈(1)

● 합이 1보다 작은 진분수의 덧셈

$\frac{1}{5}$이 1개 $\frac{1}{5}$이 3개

$\frac{1}{5}$이 4개

$\frac{1}{5}$

$\frac{3}{5}$

$\frac{4}{5}$

분자끼리 더합니다.

$$\frac{1}{5} + \frac{3}{5} = \frac{1+3}{5} = \frac{4}{5}$$

분모는 그대로 씁니다.

➡ 분모는 그대로 쓰고, 분자끼리 더합니다.

● 합이 1보다 큰 진분수의 덧셈

$\frac{1}{6}$이 5개 $\frac{1}{6}$이 4개

$\frac{1}{6}$이 9개

$\frac{5}{6}$

$\frac{4}{6}$

$\frac{9}{6}$

$$\frac{5}{6} + \frac{4}{6} = \frac{5+4}{6} = \frac{9}{6} = 1\frac{3}{6}$$

가분수를 대분수로 바꿉니다.

➡ 분모는 그대로 쓰고, 분자끼리 더한 후 가분수이면 대분수로 바꿉니다.

쉬운 유형의 문제를 반복 연습하여 기본기를 강화하는 학습

기본기 강화 문제

기본기 강화 문제

1 그림을 이용하여 진분수의 덧셈하기

• 분수의 덧셈을 그림에 나타내고 ☐ 안에 알맞은 분수를 써넣으세요.

1

$$\frac{2}{5} + \frac{1}{5} = \boxed{}$$

2

$$\frac{3}{8} + \frac{4}{8} = \boxed{}$$

3

0 ——— 1 ——— 2

$$\frac{4}{6} + \frac{5}{6} = \boxed{}$$

4

0 ——— 1 ——— 2

$$\frac{4}{5} + \frac{4}{5} = \boxed{}$$

5

0 ——— 1 ——— 2

$$\frac{5}{7} + \frac{6}{7} = \boxed{}$$

2 진분수의 덧셈 연습

• 계산해 보세요.

1 $\frac{3}{7} + \frac{2}{7}$

2 $\frac{4}{11} + \frac{5}{11}$

3 $\frac{6}{13} + \frac{5}{13}$

4 $\frac{3}{10} + \frac{3}{10}$

5 $\frac{4}{5} + \frac{2}{5}$

6 $\frac{5}{8} + \frac{7}{8}$

7 $\frac{5}{9} + \frac{8}{9}$

8 $\frac{9}{15} + \frac{8}{15}$

---

1. 분수의 덧셈과 뺄셈   **단원 평가**   점수   확인

1 수직선을 보고 ☐ 안에 알맞은 수를 써넣으세요.

0 ——— 9 ——— 1

$$\frac{\boxed{}}{9} + \frac{\boxed{}}{9} = \frac{\boxed{}}{9}$$

2 ☐ 안에 알맞은 수를 써넣으세요.

$\frac{3}{6}$은 $\frac{1}{6}$이 ☐개, $\frac{2}{6}$는 $\frac{1}{6}$이 ☐개이므로 $\frac{3}{6} + \frac{2}{6}$는 $\frac{1}{6}$이 ☐개입니다.

$\Rightarrow \frac{3}{6} + \frac{2}{6} = \frac{\boxed{}}{6}$

3 계산이 잘못된 곳을 찾아 바르게 고쳐 보세요.

$\frac{2}{4} + \frac{3}{4} = \frac{5}{8}$ → ☐

4 계산 결과가 1과 2 사이인 덧셈식에 ○표 해 보세요.

$\frac{5}{16} + \frac{12}{16}$	$\frac{4}{6} + \frac{1}{6}$	$\frac{17}{19} + \frac{2}{19}$

5 ☐ 안에 알맞은 수를 구해 보세요.

$$\boxed{} - \frac{2}{11} = \frac{10}{11}$$

(   )

6 그림을 보고 ☐ 안에 알맞은 수를 써넣으세요.

$1 - \frac{3}{8} = \frac{\boxed{}}{8} - \frac{3}{8} = \frac{\boxed{}}{8}$

7 ☐ 안에 들어갈 수 있는 자연수 중에서 가장 작은 수를 구해 보세요.

$$\frac{11}{12} - \frac{\boxed{}}{12} < \frac{7}{12}$$

(   )

8 분모가 8인 진분수가 2개 있습니다. 합이 $\frac{7}{8}$, 차가 $\frac{3}{8}$인 두 진분수를 구해 보세요.

(   ), (   )

단원 평가

차례

1 분수의 덧셈과 뺄셈

하진이네 반 친구들이 모둠별로 딸기 맛과 초코 맛 우유를 만들고 있어요.
만들어질 딸기 맛과 초코 맛 우유의 양을  에 각각 색칠해 보세요.

1 분수의 덧셈(1)

● **합이 1보다 작은 진분수의 덧셈**

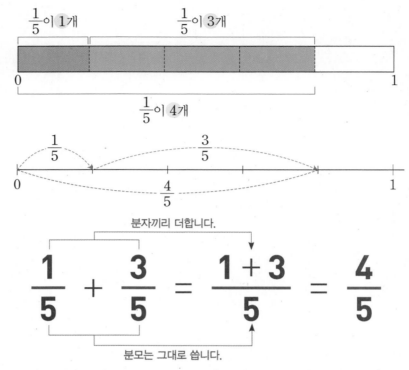

분자끼리 더합니다.

$$\frac{1}{5} + \frac{3}{5} = \frac{1+3}{5} = \frac{4}{5}$$

분모는 그대로 씁니다.

➡ 분모는 그대로 쓰고, 분자끼리 더합니다.

● **합이 1보다 큰 진분수의 덧셈**

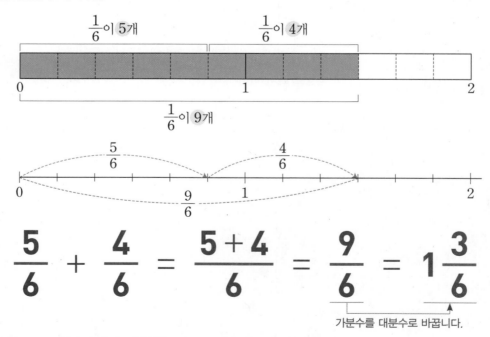

$$\frac{5}{6} + \frac{4}{6} = \frac{5+4}{6} = \frac{9}{6} = 1\frac{3}{6}$$

가분수를 대분수로 바꿉니다.

➡ 분모는 그대로 쓰고, 분자끼리 더한 후 가분수이면 대분수로 바꿉니다.

↪ 정답과 풀이 **1쪽**

① $\dfrac{4}{6} + \dfrac{1}{6}$ 이 얼마인지 알아보세요.

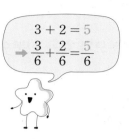

$$3 + 2 = 5$$
$$\rightarrow \dfrac{3}{6} + \dfrac{2}{6} = \dfrac{5}{6}$$

① $\dfrac{4}{6} + \dfrac{1}{6}$ 을 그림에 나타내어 보세요.

② ☐ 안에 알맞은 수를 써넣으세요.

$$\dfrac{4}{6} + \dfrac{1}{6} = \dfrac{\boxed{} + \boxed{}}{6} = \dfrac{\boxed{}}{6}$$

② 수직선을 보고 ☐ 안에 알맞은 수를 써넣으세요.

3학년 때 배웠어요

가분수를 대분수로 바꾸기

$\dfrac{12}{5}$

$\rightarrow$

1   1 $\dfrac{2}{5}$

$\rightarrow 2\dfrac{2}{5}$

$$\dfrac{6}{8} + \dfrac{7}{8} = \dfrac{\boxed{} + \boxed{}}{8} = \dfrac{\boxed{}}{8} = \boxed{}\dfrac{\boxed{}}{8}$$

③ ☐ 안에 알맞은 수를 써넣으세요.

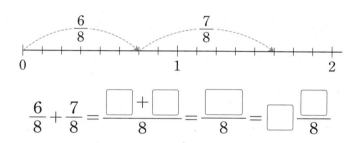

$\dfrac{2}{7}$ 는 $\dfrac{1}{7}$ 이 2개, $\dfrac{3}{7}$ 은 $\dfrac{1}{7}$ 이 ☐ 개이므로

$\dfrac{2}{7} + \dfrac{3}{7}$ 은 $\dfrac{1}{7}$ 이 ☐ 개입니다.

$\rightarrow \dfrac{2}{7} + \dfrac{3}{7} = \dfrac{\boxed{} + \boxed{}}{7} = \dfrac{\boxed{}}{7}$

$\dfrac{1}{7}$ 이 2개
$+ \dfrac{1}{7}$ 이 3개
$\dfrac{1}{7}$ 이 (2+3)개

④ ☐ 안에 알맞은 수를 써넣으세요.

① $\dfrac{1}{4} + \dfrac{2}{4} = \dfrac{\boxed{} + \boxed{}}{4} = \dfrac{\boxed{}}{4}$

② $\dfrac{4}{6} + \dfrac{4}{6} = \dfrac{\boxed{} + \boxed{}}{6} = \dfrac{\boxed{}}{6} = \boxed{}\dfrac{\boxed{}}{6}$

진분수의 덧셈은
분자끼리만 더해요.

2 분수의 뺄셈(1)

● **분모가 같은 진분수의 뺄셈**

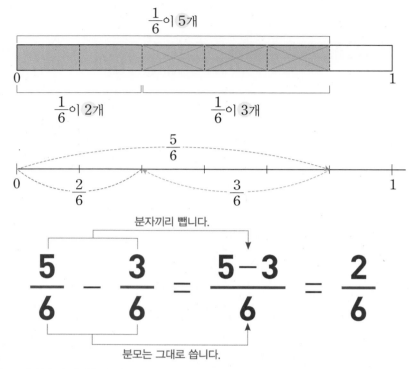

➡ 분모는 그대로 쓰고, 분자끼리 뺍니다.

● **1과 진분수의 뺄셈**

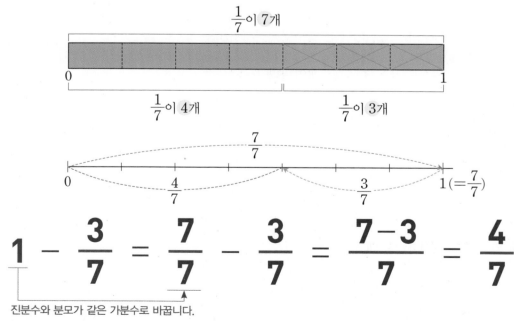

➡ 1을 가분수로 바꾼 후 분모는 그대로 쓰고, 분자끼리 뺍니다.

➲ 정답과 풀이 1쪽

① $\dfrac{4}{5} - \dfrac{2}{5}$ 가 얼마인지 알아보세요.

① $\dfrac{4}{5} - \dfrac{2}{5}$ 를 그림에 나타내어 보세요.

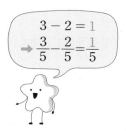

$3 - 2 = 1$

$\Rightarrow \dfrac{3}{5} - \dfrac{2}{5} = \dfrac{1}{5}$

② □ 안에 알맞은 수를 써넣으세요.

$$\dfrac{4}{5} - \dfrac{2}{5} = \dfrac{\boxed{} - \boxed{}}{5} = \dfrac{\boxed{}}{5}$$

② 수직선을 보고 □ 안에 알맞은 수를 써넣으세요.

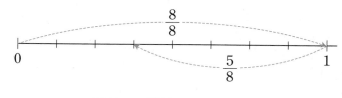

$$1 - \dfrac{5}{8} = \dfrac{\boxed{}}{8} - \dfrac{\boxed{}}{8} = \dfrac{\boxed{} - \boxed{}}{8} = \dfrac{\boxed{}}{8}$$

③ □ 안에 알맞은 수를 써넣으세요.

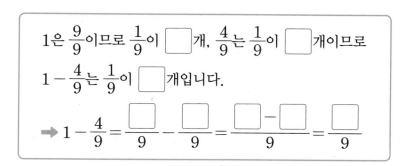

1은 $\dfrac{9}{9}$ 이므로 $\dfrac{1}{9}$ 이 □개, $\dfrac{4}{9}$ 는 $\dfrac{1}{9}$ 이 □개이므로

$1 - \dfrac{4}{9}$ 는 $\dfrac{1}{9}$ 이 □개입니다.

$\Rightarrow 1 - \dfrac{4}{9} = \dfrac{\boxed{}}{9} - \dfrac{\boxed{}}{9} = \dfrac{\boxed{} - \boxed{}}{9} = \dfrac{\boxed{}}{9}$

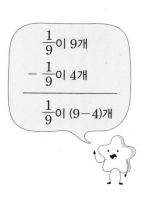

$\dfrac{1}{9}$ 이 9개

$- \dfrac{1}{9}$ 이 4개

$\dfrac{1}{9}$ 이 $(9-4)$개

④ □ 안에 알맞은 수를 써넣으세요.

① $\dfrac{4}{5} - \dfrac{3}{5} = \dfrac{\boxed{} - \boxed{}}{5} = \dfrac{\boxed{}}{5}$

② $1 - \dfrac{4}{6} = \dfrac{\boxed{}}{6} - \dfrac{\boxed{}}{6} = \dfrac{\boxed{} - \boxed{}}{6} = \dfrac{\boxed{}}{6}$

1은 $\dfrac{\blacksquare}{\blacksquare}$ 처럼 가분수로 나타낼 수 있어요.

3 분수의 덧셈(2)

● 받아올림이 없는 대분수의 덧셈

$$2\frac{1}{5} + 1\frac{2}{5} = (2+1) + (\frac{1}{5} + \frac{2}{5}) = 3\frac{3}{5}$$

➡ 자연수 부분끼리 더하고, 분수 부분끼리 더합니다.

● 받아올림이 있는 대분수의 덧셈

$1\frac{2}{4}$

$1\frac{3}{4}$

$1\frac{2}{4} + 1\frac{3}{4}$

방법 1   자연수 부분끼리 더하고 분수 부분끼리 더한 후 분수 부분을 더한 결과가 가분수이면 대분수로 바꿉니다.

$$1\frac{2}{4} + 1\frac{3}{4} = (1+1) + \left(\frac{2}{4} + \frac{3}{4}\right) \quad \longrightarrow \quad \frac{5}{4} = 1\frac{1}{4}$$

$$= 2 + 1\frac{1}{4} = 3\frac{1}{4}$$

방법 2   대분수를 가분수로 바꾸어 분모는 그대로 쓰고, 분자끼리 더합니다.

$$1\frac{2}{4} + 1\frac{3}{4} = \frac{6}{4} + \frac{7}{4} = \frac{13}{4} = 3\frac{1}{4}$$

개념 자세히 보기

● 단위분수를 이용하여 분모가 같은 대분수의 덧셈을 할 수 있어요!

$1\frac{2}{4} = \frac{6}{4}$ ➡ $\frac{1}{4}$이 6개

$1\frac{3}{4} = \frac{7}{4}$ ➡ $\frac{1}{4}$이 7개

$1\frac{2}{4} + 1\frac{3}{4}$ ➡ $\frac{1}{4}$이 13개

➡ $1\frac{2}{4} + 1\frac{3}{4} = \frac{13}{4} = 3\frac{1}{4}$

○ 정답과 풀이 2쪽

1 그림을 보고 ☐ 안에 알맞은 수를 써넣으세요.

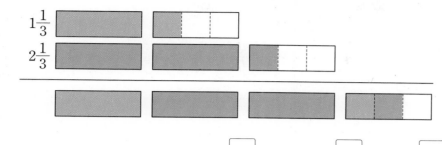

1과 2를 더하고,
$\frac{1}{3}$과 $\frac{1}{3}$을 더해요.

$$1\frac{1}{3} + 2\frac{1}{3} = (1 + \boxed{}) + (\frac{1}{3} + \frac{\boxed{}}{3}) = \boxed{} + \frac{\boxed{}}{3} = \boxed{}\frac{\boxed{}}{3}$$

2 수직선을 보고 ☐ 안에 알맞은 수를 써넣으세요.

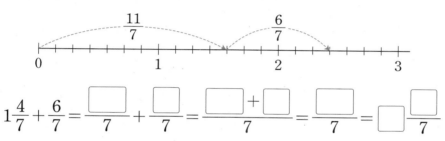

가분수로 바꾸어
계산해 봐요.

$$1\frac{4}{7} + \frac{6}{7} = \frac{\boxed{}}{7} + \frac{\boxed{}}{7} = \frac{\boxed{}+\boxed{}}{7} = \frac{\boxed{}}{7} = \boxed{}\frac{\boxed{}}{7}$$

3 ☐ 안에 알맞은 수를 써넣으세요.

$1\frac{5}{8}$ ➡ $\frac{1}{8}$이 ☐개

$1\frac{4}{8}$ ➡ $\frac{1}{8}$이 ☐개

$1\frac{5}{8} + 1\frac{4}{8}$ ➡ $\frac{1}{8}$이 ☐개

➡ $1\frac{5}{8} + 1\frac{4}{8} = \frac{\boxed{}}{8} = \boxed{}\frac{\boxed{}}{8}$

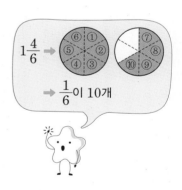

$1\frac{4}{6}$ ➡

➡ $\frac{1}{6}$이 10개

4 ☐ 안에 알맞은 수를 써넣으세요.

① $2\frac{3}{6} + 1\frac{5}{6} = \boxed{} + \frac{\boxed{}}{6} = \boxed{}\frac{\boxed{}}{6}$

② $2\frac{4}{7} + 3\frac{6}{7} = \frac{\boxed{}}{7} + \frac{\boxed{}}{7} = \frac{\boxed{}}{7} = \boxed{}\frac{\boxed{}}{7}$

①은 자연수 부분끼리,
분수 부분끼리 더하고,
②는 가분수로 바꾸어
더해요.

기본기 강화 문제

1 그림을 이용하여 진분수의 덧셈하기

● 분수의 덧셈을 그림에 나타내고 ☐ 안에 알맞은 분수를 써넣으세요.

1

$$\frac{2}{5} + \frac{1}{5} = \boxed{}$$

2

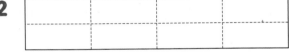

$$\frac{3}{8} + \frac{4}{8} = \boxed{}$$

3

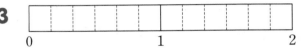

$$\frac{4}{6} + \frac{5}{6} = \boxed{}$$

4

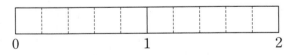

$$\frac{4}{5} + \frac{4}{5} = \boxed{}$$

5

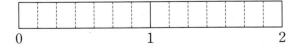

$$\frac{5}{7} + \frac{6}{7} = \boxed{}$$

2 진분수의 덧셈 연습

● 계산해 보세요.

1 $\dfrac{3}{7} + \dfrac{2}{7}$

2 $\dfrac{4}{11} + \dfrac{5}{11}$

3 $\dfrac{6}{13} + \dfrac{5}{13}$

4 $\dfrac{3}{10} + \dfrac{3}{10}$

5 $\dfrac{4}{5} + \dfrac{2}{5}$

6 $\dfrac{5}{8} + \dfrac{7}{8}$

7 $\dfrac{5}{9} + \dfrac{8}{9}$

8 $\dfrac{9}{15} + \dfrac{8}{15}$

③ 1을 두 분수의 합으로 나타내기

● □ 안에 알맞은 수를 써넣으세요.

1 $1 = \dfrac{9}{9} = \dfrac{2}{9} + \dfrac{\boxed{}}{9}$

2 $1 = \dfrac{\boxed{}}{11} = \dfrac{6}{11} + \dfrac{\boxed{}}{11}$

3 $1 = \dfrac{\boxed{}}{8} = \dfrac{3}{8} + \dfrac{\boxed{}}{8}$

4 $1 = \dfrac{3}{7} + \dfrac{\boxed{}}{\boxed{}} = \dfrac{4}{7} + \dfrac{\boxed{}}{\boxed{}}$

5 $1 = \dfrac{6}{9} + \dfrac{\boxed{}}{\boxed{}} = \dfrac{3}{9} + \dfrac{\boxed{}}{\boxed{}}$

6 $1 = \dfrac{4}{10} + \dfrac{\boxed{}}{\boxed{}} = \dfrac{6}{10} + \dfrac{\boxed{}}{\boxed{}}$

7 $1 = \dfrac{7}{12} + \dfrac{\boxed{}}{\boxed{}} = \dfrac{5}{12} + \dfrac{\boxed{}}{\boxed{}}$

8 $1 = \dfrac{2}{5} + \dfrac{\boxed{}}{\boxed{}} = \dfrac{3}{5} + \dfrac{\boxed{}}{\boxed{}}$

④ 합이 자연수인 진분수의 덧셈

● 계산해 보세요.

1 $\dfrac{1}{4} + \dfrac{3}{4}$

2 $\dfrac{4}{5} + \dfrac{1}{5}$

3 $\dfrac{2}{8} + \dfrac{6}{8}$

4 $\dfrac{7}{10} + \dfrac{3}{10}$

5 $\dfrac{5}{8} + \dfrac{2}{8} + \dfrac{1}{8}$

6 $\dfrac{3}{15} + \dfrac{7}{15} + \dfrac{5}{15}$

7 $\dfrac{6}{9} + \dfrac{7}{9} + \dfrac{5}{9}$

8 $\dfrac{10}{11} + \dfrac{8}{11} + \dfrac{4}{11}$

9 $\dfrac{4}{7} + \dfrac{6}{7} + \dfrac{4}{7}$

10 $\dfrac{18}{20} + \dfrac{14}{20} + \dfrac{8}{20}$

● ☐ 안에 알맞은 수를 써넣으세요.

1 $\dfrac{6}{7} = \dfrac{2}{7} + \dfrac{\square}{7}$

$= \dfrac{\square}{7} + \dfrac{3}{7}$

$= \dfrac{\square}{7} + \dfrac{\square}{7}$

답은 여러 가지가 될 수 있습니다.

2 $\dfrac{10}{11} = \dfrac{3}{11} + \dfrac{\square}{11}$

$= \dfrac{\square}{11} + \dfrac{6}{11}$

$= \dfrac{\square}{\square} + \dfrac{\square}{\square}$

3 $\dfrac{8}{9} = \dfrac{7}{9} + \dfrac{\square}{9}$

$= \dfrac{\square}{9} + \dfrac{2}{9}$

$= \dfrac{\square}{\square} + \dfrac{\square}{\square}$

4 $1\dfrac{1}{13} = \dfrac{5}{13} + \dfrac{\square}{13}$

$= \dfrac{\square}{13} + \dfrac{10}{13}$

$= \dfrac{\square}{\square} + \dfrac{\square}{\square}$

● 수직선을 보고 ☐ 안에 알맞은 수를 써넣으세요.

1

$\dfrac{7}{8} - \dfrac{3}{8} = \dfrac{\square - \square}{8} = \dfrac{\square}{8}$

2

$\dfrac{6}{9} - \dfrac{4}{9} = \dfrac{\square - \square}{9} = \dfrac{\square}{9}$

3

$1 - \dfrac{2}{6} = \dfrac{\square}{6} - \dfrac{\square}{6}$

$= \dfrac{\square - \square}{6} = \dfrac{\square}{6}$

4

$1 - \dfrac{5}{10} = \dfrac{\square}{10} - \dfrac{\square}{10}$

$= \dfrac{\square - \square}{10} = \dfrac{\square}{10}$

7 진분수의 뺄셈 연습

● 계산해 보세요.

1 $\dfrac{5}{8} - \dfrac{1}{8}$

2 $\dfrac{6}{9} - \dfrac{2}{9}$

3 $\dfrac{7}{11} - \dfrac{4}{11}$

4 $\dfrac{7}{10} - \dfrac{2}{10}$

5 $1 - \dfrac{2}{8}$

6 $1 - \dfrac{6}{7}$

7 $1 - \dfrac{9}{18}$

8 $1 - \dfrac{15}{27}$

8 계산 결과를 찾아 이어 보기

● 계산 결과를 수직선에서 찾아 이어 보세요.

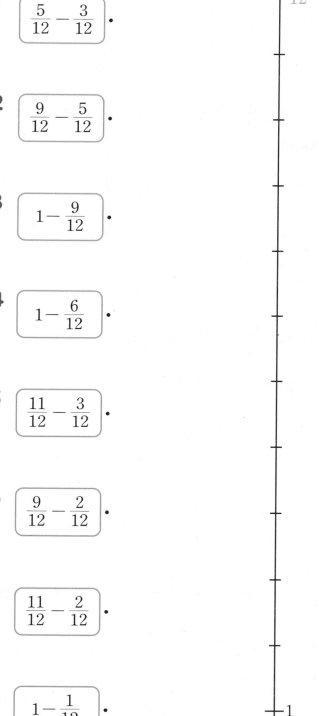

$\dfrac{11}{12} - \dfrac{10}{12}$ •

1 $\dfrac{5}{12} - \dfrac{3}{12}$ •

2 $\dfrac{9}{12} - \dfrac{5}{12}$ •

3 $1 - \dfrac{9}{12}$ •

4 $1 - \dfrac{6}{12}$ •

5 $\dfrac{11}{12} - \dfrac{3}{12}$ •

6 $\dfrac{9}{12} - \dfrac{2}{12}$ •

7 $\dfrac{11}{12} - \dfrac{2}{12}$ •

8 $1 - \dfrac{1}{12}$ •

0

$\dfrac{1}{12}$

1

9 다르면서 같은 진분수의 뺄셈

● 계산해 보세요.

1
$$\frac{4}{8}-\frac{2}{8}$$
$$\frac{5}{8}-\frac{3}{8}$$
$$\frac{6}{8}-\frac{4}{8}$$

2
$$\frac{4}{7}-\frac{1}{7}$$
$$\frac{5}{7}-\frac{2}{7}$$
$$\frac{6}{7}-\frac{3}{7}$$

3
$$\frac{6}{9}-\frac{4}{9}$$
$$\frac{7}{9}-\frac{5}{9}$$
$$\frac{8}{9}-\frac{6}{9}$$

4
$$\frac{7}{12}-\frac{4}{12}$$
$$\frac{8}{12}-\frac{5}{12}$$
$$\frac{9}{12}-\frac{6}{12}$$

5
$$\frac{9}{10}-\frac{8}{10}$$
$$\frac{8}{10}-\frac{7}{10}$$
$$\frac{7}{10}-\frac{6}{10}$$

6
$$\frac{11}{14}-\frac{7}{14}$$
$$\frac{10}{14}-\frac{6}{14}$$
$$\frac{9}{14}-\frac{5}{14}$$

7
$$\frac{17}{24}-\frac{8}{24}$$
$$\frac{16}{24}-\frac{7}{24}$$
$$\frac{15}{24}-\frac{6}{24}$$

8
$$\frac{21}{28}-\frac{15}{28}$$
$$\frac{20}{28}-\frac{14}{28}$$
$$\frac{19}{28}-\frac{13}{28}$$

10 계산 결과 어림하기 (1)

● 계산 결과가 ☐ 안에 속하는 덧셈식을 찾아 ○표 하세요.

1 | 2와 3 사이 |

| $1\frac{3}{6}+1\frac{2}{6}$ | $1\frac{4}{7}+1\frac{3}{7}$ | $1\frac{3}{9}+1\frac{7}{9}$ |

2 | 3과 4 사이 |

| $2\frac{4}{8}+1\frac{4}{8}$ | $1\frac{3}{5}+2\frac{4}{5}$ | $1\frac{2}{7}+2\frac{3}{7}$ |

3 | 4와 5 사이 |

| $2\frac{2}{9}+1\frac{6}{9}$ | $2\frac{9}{13}+1\frac{7}{13}$ | $\frac{7}{12}+3\frac{4}{12}$ |

4 | 6과 7 사이 |

| $2\frac{3}{11}+3\frac{7}{11}$ | $3\frac{1}{8}+2\frac{5}{8}$ | $4\frac{7}{14}+1\frac{9}{14}$ |

5 | 7과 8 사이 |

| $5\frac{4}{10}+2\frac{3}{10}$ | $4\frac{3}{10}+3\frac{8}{10}$ | $3\frac{5}{10}+2\frac{6}{10}$ |

11 그림을 이용하여 대분수의 덧셈하기

그림에 알맞게 색칠하고 ☐ 안에 알맞은 분수를 써넣으세요.

1
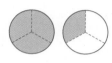

$1\frac{1}{3}$

$+ \ 1\frac{1}{3}$

☐

2
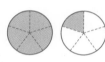

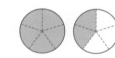

$1\frac{1}{5}$

$+ \ 1\frac{2}{5}$

☐

3
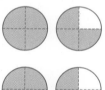

$1\frac{3}{4}$

$+ \ 1\frac{2}{4}$

☐

4

$1\frac{5}{6}$

$+ \ 1\frac{3}{6}$

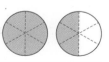

☐

12 대분수의 덧셈 연습(1)

보기 와 같이 계산해 보세요.

보기
$$2\frac{3}{4}+1\frac{2}{4}=\frac{11}{4}+\frac{6}{4}=\frac{17}{4}=4\frac{1}{4}$$

1 $2\frac{5}{9}+2\frac{2}{9}$

2 $3\frac{6}{12}+2\frac{3}{12}$

3 $1\frac{11}{16}+5\frac{3}{16}$

4 $1\frac{5}{8}+2\frac{6}{8}$

5 $2\frac{8}{11}+2\frac{6}{11}$

6 $3\frac{13}{15}+2\frac{9}{15}$

7 $1\frac{5}{6}+2\frac{4}{6}$

● 계산해 보세요.

1 $3\dfrac{3}{6} + 2\dfrac{1}{6}$

2 $4\dfrac{5}{8} + 1\dfrac{2}{8}$

3 $1\dfrac{3}{9} + 3\dfrac{4}{9}$

4 $3\dfrac{1}{4} + 5\dfrac{2}{4}$

5 $2\dfrac{3}{5} + 2\dfrac{3}{5}$

6 $1\dfrac{8}{10} + 2\dfrac{4}{10}$

7 $2\dfrac{14}{17} + 4\dfrac{6}{17}$

8 $3\dfrac{9}{13} + 1\dfrac{5}{13}$

● □ 안에 들어갈 수 있는 자연수를 모두 구해 보세요.

1 $\dfrac{1}{5} + \dfrac{3}{5} > \dfrac{\square}{5}$

(   )

2 $1 - \dfrac{4}{7} > \dfrac{\square}{7}$

(   )

3 $\dfrac{\square}{13} + \dfrac{9}{13} < \dfrac{12}{13}$

(   )

4 $\dfrac{8}{12} - \dfrac{\square}{12} > \dfrac{4}{12}$

(   )

5 $1\dfrac{7}{9} + \dfrac{\square}{9} < 2\dfrac{3}{9}$

(   )

⑮ 세 수의 합이 같도록 빈칸 채우기

● 가로와 세로에 놓이는 세 수의 합이 같도록 빈칸에 알맞은 수를 보기 에서 찾아 써넣으세요.

1 보기

$$\frac{2}{9} \qquad \frac{4}{9} \qquad \frac{5}{9}$$

$\frac{3}{9}$		
$\frac{1}{9}$		$\frac{3}{9}$
$\frac{5}{9}$	$\frac{2}{9}$	

2 보기

$$\frac{1}{10} \qquad \frac{2}{10} \qquad \frac{3}{10} \qquad \frac{5}{10}$$

$\frac{1}{10}$	$\frac{7}{10}$	$\frac{2}{10}$
$\frac{4}{10}$		$\frac{5}{10}$

3 보기

$$\frac{4}{5} \qquad 1\frac{1}{5} \qquad 2\frac{2}{5}$$

$1\frac{2}{5}$	$2\frac{4}{5}$	$\frac{3}{5}$
$2\frac{1}{5}$		$1\frac{4}{5}$

4 보기

$$\frac{2}{8} \qquad \frac{3}{8} \qquad 1\frac{3}{8}$$

$1\frac{2}{8}$	$\frac{4}{8}$	$\frac{2}{8}$
$\frac{3}{8}$		
	$1\frac{2}{8}$	

4 분수의 뺄셈(2)

● **받아내림이 없는 대분수의 뺄셈**

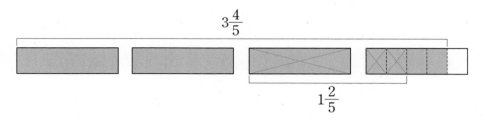

방법 1 자연수 부분끼리 빼고, 분수 부분끼리 뺍니다.

$$3\frac{4}{5} - 1\frac{2}{5} = (3-1) + \left(\frac{4}{5} - \frac{2}{5}\right)$$

$$= 2 + \frac{2}{5} = 2\frac{2}{5}$$

방법 2 대분수를 가분수로 바꾸어 분모는 그대로 쓰고, 분자끼리 뺀 후 가분수이면 대분수로 바꿉니다.

$$3\frac{4}{5} - 1\frac{2}{5} = \frac{19}{5} - \frac{7}{5} = \frac{12}{5} = 2\frac{2}{5}$$

● **자연수와 분수의 뺄셈**

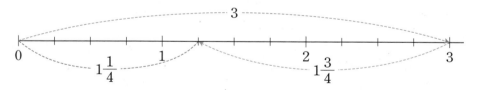

방법 1 자연수에서 1을 가분수로 바꾸어 자연수 부분끼리 빼고, 분수 부분끼리 뺍니다.

$$3 - 1\frac{3}{4} = 2\frac{4}{4} - 1\frac{3}{4} = 1\frac{1}{4}$$

자연수에서 1만큼을 가분수로 바꿉니다.

방법 2 자연수와 대분수를 가분수로 바꾸어 분모는 그대로 쓰고, 분자끼리 뺀 후 가분수이면 대분수로 바꿉니다.

$$\frac{4}{4} + \frac{4}{4} + \frac{4}{4} = \frac{12}{4} \leftarrow \quad 3 - 1\frac{3}{4} = \frac{12}{4} - \frac{7}{4} = \frac{5}{4} = 1\frac{1}{4}$$

↪ 정답과 풀이 6쪽

① 그림을 보고 ☐ 안에 알맞은 수를 써넣으세요.

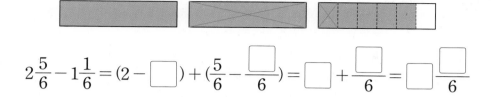

$$2\frac{5}{6} - 1\frac{1}{6} = (2 - \boxed{}) + (\frac{5}{6} - \frac{\boxed{}}{6}) = \boxed{} + \frac{\boxed{}}{6} = \boxed{}\frac{\boxed{}}{6}$$

2에서 1을 빼고, $\frac{5}{6}$에서 $\frac{1}{6}$을 빼요.

② 수직선을 보고 ☐ 안에 알맞은 수를 써넣으세요.

$$3 - 1\frac{1}{3} = \boxed{}\frac{\boxed{}}{3} - 1\frac{1}{3} = (\boxed{} - 1) + (\frac{\boxed{}}{3} - \frac{1}{3})$$

$$= \boxed{} + \frac{\boxed{}}{3} = \boxed{}\frac{\boxed{}}{3}$$

$1 = \frac{2}{2} = \frac{3}{3} = \cdots\cdots$

$2 = 1\frac{2}{2} = 1\frac{3}{3} = \cdots\cdots$

$3 = 2\frac{2}{2} = 2\frac{3}{3} = \cdots\cdots$

③ ☐ 안에 알맞은 수를 써넣으세요.

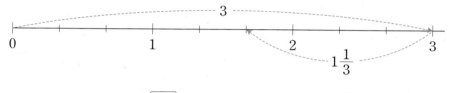

$7 \Rightarrow \frac{1}{5}$이 $\boxed{}$개

$5\frac{3}{5} \Rightarrow \frac{1}{5}$이 $\boxed{}$개

$7 - 5\frac{3}{5} \Rightarrow \frac{1}{5}$이 $\boxed{}$개

$\Rightarrow 7 - 5\frac{3}{5} = \frac{\boxed{}}{5} = \boxed{}\frac{\boxed{}}{5}$

$1 = \frac{5}{5}$이니까

$5 = \frac{5}{5} + \frac{5}{5} + \frac{5}{5} + \frac{5}{5} + \frac{5}{5}$

5번

$= \frac{25}{5}$야.

④ ☐ 안에 알맞은 수를 써넣으세요.

① $2\frac{5}{7} - 1\frac{3}{7} = (\boxed{} - \boxed{}) + (\frac{\boxed{}}{7} - \frac{\boxed{}}{7})$

$= \boxed{} + \frac{\boxed{}}{7} = \boxed{}\frac{\boxed{}}{7}$

② $5 - 2\frac{4}{9} = \boxed{}\frac{\boxed{}}{9} - 2\frac{4}{9} = (\boxed{} - 2) + (\frac{\boxed{}}{9} - \frac{4}{9})$

$= \boxed{} + \frac{\boxed{}}{9} = \boxed{}\frac{\boxed{}}{9}$

5 분수의 뺄셈(3)

● **받아내림이 있는 대분수의 뺄셈**

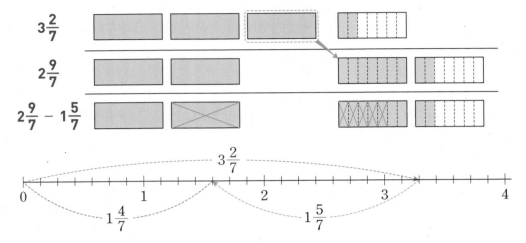

방법 1 빼지는 수의 자연수에서 1만큼을 가분수로 바꾸어 자연수 부분끼리 빼고, 분수 부분끼리 뺍니다.

$$3\frac{2}{7} - 1\frac{5}{7} = 2\frac{9}{7} - 1\frac{5}{7} = (2-1) + \left(\frac{9}{7} - \frac{5}{7}\right)$$

3에서 1만큼을 가분수로 바꿉니다.

$$= 1 + \frac{4}{7} = 1\frac{4}{7}$$

방법 2 대분수를 가분수로 바꾸어 분모는 그대로 쓰고, 분자끼리 뺀 후 가분수이면 대분수로 바꿉니다.

$$3\frac{2}{7} - 1\frac{5}{7} = \frac{23}{7} - \frac{12}{7} = \frac{11}{7} = 1\frac{4}{7}$$

개념 자세히 보기

● **단위분수를 이용하여 분모가 같은 대분수의 뺄셈을 할 수 있어요!**

$$3\frac{2}{7} = \frac{23}{7}$$ ➡ $\frac{1}{7}$이 23개

$$1\frac{5}{7} = \frac{12}{7}$$ ➡ $\frac{1}{7}$이 12개

$$3\frac{2}{7} - 1\frac{5}{7}$$ ➡ $\frac{1}{7}$이 11개

➡ $3\frac{2}{7} - 1\frac{5}{7} = \frac{11}{7} = 1\frac{4}{7}$

◯ 정답과 풀이 **7쪽**

1 수직선을 이용하여 $3\frac{1}{3} - 1\frac{2}{3}$ 가 얼마인지 알아보세요.

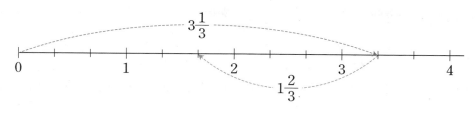

$$3\frac{1}{3} - 1\frac{2}{3} = \boxed{}\frac{\boxed{}}{3} - 1\frac{2}{3} = \boxed{}\frac{\boxed{}}{3}$$

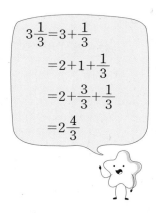

$$3\frac{1}{3} = 3 + \frac{1}{3}$$
$$= 2 + 1 + \frac{1}{3}$$
$$= 2 + \frac{3}{3} + \frac{1}{3}$$
$$= 2\frac{4}{3}$$

2 보기 와 같은 방법으로 계산해 보세요.

$2\frac{2}{5} = 1\frac{7}{5}$ 에서 $1\frac{7}{5}$은 진짜 분수가 아니에요.

보기
$$3\frac{3}{7} - 1\frac{4}{7} = 2\frac{10}{7} - 1\frac{4}{7} = (2-1) + \left(\frac{10}{7} - \frac{4}{7}\right)$$
$$= 1 + \frac{6}{7} = 1\frac{6}{7}$$

$$3\frac{2}{9} - 1\frac{5}{9} = 2\frac{\boxed{}}{9} - 1\frac{5}{9} = \left(2 - \boxed{}\right) + \left(\frac{\boxed{}}{9} - \frac{5}{9}\right)$$
$$= \boxed{} + \frac{\boxed{}}{9} = \boxed{}\frac{\boxed{}}{9}$$

3 보기 와 같은 방법으로 계산해 보세요.

가분수로 바꾸어 계산해요.

보기
$$6\frac{1}{3} - 3\frac{2}{3} = \frac{19}{3} - \frac{11}{3} = \frac{8}{3} = 2\frac{2}{3}$$

$$7\frac{4}{7} - 2\frac{6}{7} = \frac{\boxed{}}{7} - \frac{\boxed{}}{7} = \frac{\boxed{}}{7} = \boxed{}\frac{\boxed{}}{7}$$

4 ☐ 안에 알맞은 수를 써넣으세요.

①은 분수 부분끼리 뺄 때 자연수에서 1을 빌려와서 빼고, ②는 가분수로 바꾸어 빼요.

① $$5\frac{2}{8} - 2\frac{5}{8} = 4\frac{\boxed{}}{8} - 2\frac{5}{8} = \boxed{}\frac{\boxed{}}{8}$$

② $$4\frac{3}{10} - 2\frac{6}{10} = \frac{\boxed{}}{10} - \frac{\boxed{}}{10} = \frac{\boxed{}}{10} = \boxed{}\frac{\boxed{}}{10}$$

기본기 강화 문제

16 계산 결과 어림하기(2)

- 계산 결과가 ☐ 안에 속하는 뺄셈식을 찾아 ○표 하세요.

1 | 1과 2 사이 |

$$4\frac{2}{5}-2\frac{1}{5} \quad\bigg|\quad 5\frac{7}{9}-3\frac{4}{9} \quad\bigg|\quad 6\frac{3}{4}-5\frac{1}{4}$$

2 | 2와 3 사이 |

$$4\frac{4}{7}-2\frac{2}{7} \quad\bigg|\quad 7\frac{5}{8}-4\frac{4}{8} \quad\bigg|\quad 9\frac{2}{3}-6\frac{1}{3}$$

3 | 1과 2 사이 |

$$4-3\frac{5}{11} \quad\bigg|\quad 3-\frac{6}{9} \quad\bigg|\quad 5-3\frac{5}{6}$$

4 | 3과 4 사이 |

$$7\frac{1}{5}-4\frac{2}{5} \quad\bigg|\quad 6\frac{3}{8}-2\frac{6}{8} \quad\bigg|\quad 5\frac{4}{11}-2\frac{7}{11}$$

5 | 4와 5 사이 |

$$8\frac{1}{7}-2\frac{3}{7} \quad\bigg|\quad 7\frac{3}{9}-1\frac{5}{9} \quad\bigg|\quad 6-1\frac{2}{8}$$

17 그림을 이용하여 대분수의 뺄셈하기

- 빼는 분수만큼 ×표 하고 ☐ 안에 알맞은 분수를 써 넣으세요.

1

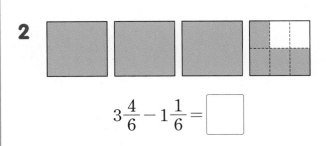

$$4\frac{3}{4}-2\frac{2}{4}=\boxed{}$$

2

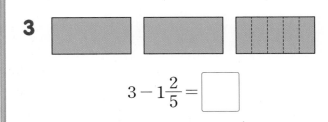

$$3\frac{4}{6}-1\frac{1}{6}=\boxed{}$$

3

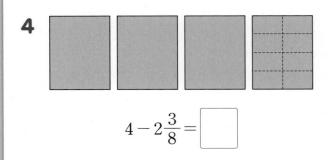

$$3-1\frac{2}{5}=\boxed{}$$

4

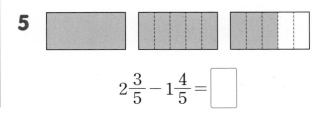

$$4-2\frac{3}{8}=\boxed{}$$

5

$$2\frac{3}{5}-1\frac{4}{5}=\boxed{}$$

⑱ 대분수의 뺄셈 연습(1)

● 보기 와 같이 계산해 보세요.

보기

$$4\frac{3}{7} - 1\frac{6}{7} = \frac{31}{7} - \frac{13}{7} = \frac{18}{7} = 2\frac{4}{7}$$

1 $5\frac{4}{6} - 1\frac{1}{6}$

2 $3\frac{4}{7} - 1\frac{3}{7}$

3 $9\frac{2}{8} - 2\frac{1}{8}$

4 $6\frac{8}{15} - 3\frac{11}{15}$

5 $7\frac{1}{9} - 4\frac{2}{9}$

6 $7\frac{5}{10} - 3\frac{9}{10}$

7 $4\frac{3}{12} - 1\frac{11}{12}$

⑲ 대분수의 뺄셈 연습(2)

● 계산해 보세요.

1 $5\frac{7}{8} - 2\frac{3}{8}$

2 $4\frac{8}{9} - 2\frac{5}{9}$

3 $3\frac{6}{7} - 1\frac{5}{7}$

4 $4 - \frac{5}{6}$

5 $7 - 3\frac{5}{9}$

6 $10 - 6\frac{7}{11}$

7 $6\frac{3}{10} - 3\frac{7}{10}$

8 $7\frac{5}{13} - 5\frac{7}{13}$

⑳ 여러 가지 분수의 뺄셈

● 빈칸에 알맞은 수를 써넣으세요.

1

−	$3\frac{1}{5}$
$6\frac{2}{5}$	
$6\frac{3}{5}$	
$6\frac{4}{5}$	

2

−	$1\frac{9}{11}$
$4\frac{5}{11}$	
$4\frac{4}{11}$	
$4\frac{3}{11}$	

3

−	$1\frac{3}{9}$	$1\frac{4}{9}$	$1\frac{5}{9}$
$3\frac{7}{9}$			

4

−	$2\frac{5}{6}$	$2\frac{4}{6}$	$2\frac{3}{6}$
$5\frac{1}{6}$			

㉑ 0이 되는 식 만들기

● 계산 결과가 0이 되도록 ☐ 안에 알맞은 분수를 써넣으세요.

1 $1\frac{5}{7} - \frac{3}{7} - \boxed{} = 0$

2 $3 - 1\frac{4}{8} - \boxed{} = 0$

3 $\boxed{} - 1\frac{1}{5} - 1\frac{2}{5} = 0$

4 $2\frac{1}{7} - 1\frac{3}{7} - \boxed{} = 0$

5 $3\frac{2}{8} - 1\frac{4}{8} - \boxed{} = 0$

6 $2\frac{4}{7} - \frac{6}{7} - \boxed{} = 0$

7 $3\frac{12}{15} - \boxed{} - 1\frac{9}{15} = 0$

8 $5 - 2\frac{3}{14} - \boxed{} = 0$

9 $\boxed{} - 1\frac{9}{10} - 4\frac{5}{10} = 0$

10 $4 - \boxed{} - 1\frac{7}{9} = 0$

22 계산 결과의 크기 비교하기

● 계산 결과의 크기를 비교하여 ◯ 안에 >, =, < 를 알맞게 써넣으세요.

1 $3\frac{6}{7} - 1\frac{4}{7} \bigcirc 6\frac{3}{7} - 2\frac{2}{7}$

2 $4\frac{4}{5} - 1\frac{1}{5} \bigcirc 3\frac{4}{5} - \frac{3}{5}$

3 $7 - 3\frac{9}{12} \bigcirc 8 - 4\frac{5}{12}$

4 $6\frac{2}{9} - 1\frac{1}{9} \bigcirc 7\frac{1}{9} - 2\frac{8}{9}$

5 $3\frac{4}{11} - 1\frac{5}{11} \bigcirc 4\frac{3}{11} - 1\frac{10}{11}$

6 $5\frac{13}{18} - 4\frac{5}{18} \bigcirc 4\frac{7}{18} - 3\frac{5}{18}$

7 $5 - \frac{7}{8} \bigcirc 9\frac{1}{8} - 5\frac{6}{8}$

8 $4\frac{1}{6} - 1\frac{5}{6} \bigcirc 5\frac{2}{6} - 1\frac{4}{6}$

23 계산 결과가 가장 큰 뺄셈식 만들기

● 두 수를 골라 ☐ 안에 써넣어 계산 결과가 가장 큰 뺄셈식을 만들고 계산 결과를 구해 보세요.

1 | 1, 3, 5 | $5\frac{\Box}{9} - 3\frac{\Box}{9}$

(   )

2 | 4, 6, 7 | $3\frac{\Box}{8} - 1\frac{\Box}{8}$

(   )

3 | 2, 5, 8 | $7\frac{\Box}{13} - 4\frac{\Box}{13}$

(   )

4 | 1, 5, 6 | $6 - \Box\frac{\Box}{7}$

(   )

5 | 2, 4, 7 | $4 - \Box\frac{\Box}{15}$

(   )

6 | 2, 3, 4 | $5 - \Box\frac{\Box}{9}$

(   )

24 계산 결과를 찾아 색칠하기

● 계산식의 계산 결과가 쓰여 있는 칸을 계산식의 왼쪽과 같이 색칠하여 모양을 만들어 보세요.

$3\frac{7}{8}$	$4\frac{3}{8}$	$4\frac{1}{8}$	$\frac{4}{8}$	$1\frac{1}{8}$	$\frac{5}{8}$	$3\frac{2}{8}$	$5\frac{2}{8}$
$5\frac{2}{8}$	$6\frac{1}{8}$	$5\frac{4}{8}$	$1\frac{1}{8}$	$2\frac{3}{8}$	$1\frac{1}{8}$	$2\frac{7}{8}$	$5\frac{3}{8}$
$3\frac{7}{8}$	$5\frac{7}{8}$	$4\frac{7}{8}$	$\frac{1}{8}$	$1\frac{1}{8}$	$\frac{3}{8}$	$3\frac{2}{8}$	$4\frac{1}{8}$
$3\frac{2}{8}$	$\frac{5}{8}$	$4\frac{1}{8}$	$\frac{4}{8}$	$1\frac{1}{8}$	$\frac{5}{8}$	$3\frac{7}{8}$	$5\frac{2}{8}$
$1\frac{7}{8}$	$\frac{1}{8}$	$1\frac{1}{8}$	$2\frac{3}{8}$	$2\frac{3}{8}$	$1\frac{1}{8}$	$\frac{5}{8}$	$5\frac{6}{8}$
$4\frac{1}{8}$	$5\frac{2}{8}$	$\frac{1}{8}$	$2\frac{3}{8}$	$1\frac{1}{8}$	$1\frac{1}{8}$	$\frac{3}{8}$	$5\frac{7}{8}$
$5\frac{3}{8}$	$5\frac{2}{8}$	$5\frac{1}{8}$	$\frac{1}{8}$	$2\frac{3}{8}$	$\frac{2}{8}$	$4\frac{1}{8}$	$5\frac{3}{8}$

 $5\frac{3}{8}-4\frac{2}{8}$

 $4-3\frac{5}{8}$

 $2-1\frac{4}{8}$

 $5-2\frac{1}{8}$

 $4\frac{1}{8}-1\frac{6}{8}$

$2\frac{1}{8}-1\frac{4}{8}$

$2\frac{3}{8}-2\frac{2}{8}$

$1-\frac{6}{8}$

단원 평가

점수   확인

1 수직선을 보고 ☐ 안에 알맞은 수를 써넣으세요.

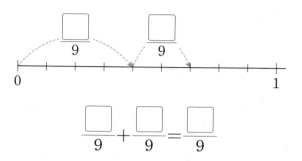

$$\frac{\boxed{}}{9} + \frac{\boxed{}}{9} = \frac{\boxed{}}{9}$$

2 ☐ 안에 알맞은 수를 써넣으세요.

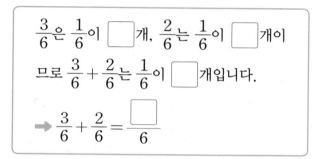

3 계산이 잘못된 곳을 찾아 바르게 고쳐 보세요.

$$\frac{2}{4} + \frac{3}{4} = \frac{5}{8} \quad \Rightarrow$$

4 계산 결과가 1과 2 사이인 덧셈식에 ○표 해 보세요.

$\frac{5}{16} + \frac{12}{16}$	$\frac{4}{6} + \frac{1}{6}$	$\frac{17}{19} + \frac{2}{19}$

5 ☐ 안에 알맞은 수를 구해 보세요.

$$\boxed{} - \frac{2}{11} = \frac{10}{11}$$

(   )

6 그림을 보고 ☐ 안에 알맞은 수를 써넣으세요.

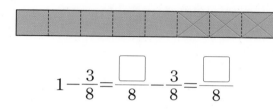

$$1 - \frac{3}{8} = \frac{\boxed{}}{8} - \frac{3}{8} = \frac{\boxed{}}{8}$$

7 ☐ 안에 들어갈 수 있는 자연수 중에서 가장 작은 수를 구해 보세요.

$$\frac{11}{12} - \frac{\boxed{}}{12} < \frac{7}{12}$$

(   )

8 분모가 8인 진분수가 2개 있습니다. 합이 $\frac{7}{8}$, 차가 $\frac{3}{8}$인 두 진분수를 구해 보세요.

(   ), (   )

9 빈칸에 알맞은 수를 써넣으세요.

+	$1\frac{1}{7}$	$1\frac{2}{7}$	$1\frac{3}{7}$
$2\frac{5}{7}$			

10 계산 결과를 비교하여 ◯ 안에 >, =, <를 알맞게 써넣으세요.

$$4\frac{3}{8}+3\frac{7}{8} \bigcirc 2\frac{5}{8}+6\frac{1}{8}$$

11 물통에 물이 $4\frac{7}{10}$ L 들어 있었습니다. 잠시 후 물을 $1\frac{5}{10}$ L 더 부었습니다. 물통에 들어 있는 물은 모두 몇 L일까요?

(   )

12 ☐ 안에 알맞은 수를 써넣으세요.

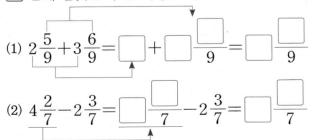

(1) $2\frac{5}{9}+3\frac{6}{9}=\boxed{}+\boxed{}\frac{\boxed{}}{9}=\boxed{}\frac{\boxed{}}{9}$

(2) $4\frac{2}{7}-2\frac{3}{7}=\boxed{}\frac{\boxed{}}{7}-2\frac{3}{7}=\boxed{}\frac{\boxed{}}{7}$

13 계산해 보세요.

(1) $2\frac{4}{6}+\frac{11}{6}$

(2) $5\frac{1}{9}-1\frac{4}{9}$

14 ☐ 안에 알맞은 수를 써넣으세요.

(1)
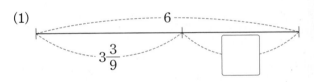

(2)
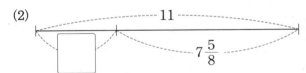

15 계산 결과가 $1\frac{1}{5}$인 것에 모두 색칠해 보세요.

$3-1\frac{4}{5}$

$2\frac{4}{5}-1\frac{2}{5}$

$4-2\frac{1}{5}$

$3\frac{2}{5}-2\frac{1}{5}$

16 수직선을 보고 ☐ 안에 알맞은 분수를 써넣으세요.

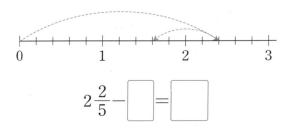

$$2\frac{2}{5}-\boxed{}=\boxed{}$$

17 관계있는 것끼리 이어 보세요.

$5\frac{2}{10}-3\frac{7}{10}$ •   • $1\frac{5}{10}$

$6\frac{5}{10}-2\frac{1}{10}$ •   • $3\frac{7}{10}$

$7\frac{4}{10}-3\frac{7}{10}$ •   • $4\frac{4}{10}$

18 $3\frac{2}{8}-1\frac{7}{8}$ 을 2가지 방법으로 계산해 보세요.

방법 1

방법 2

19 직사각형에서 세로는 가로보다 몇 cm 더 긴지 보기 와 같이 풀이 과정을 쓰고 답을 구해 보세요.

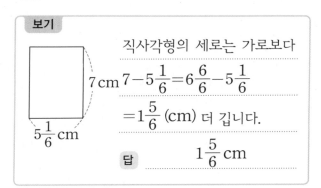

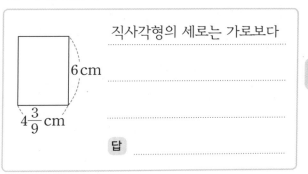

직사각형의 세로는 가로보다

답

20 딸기 3 kg 중 $\frac{8}{9}$ kg을 먹었고 포도 4 kg 중 $1\frac{2}{9}$ kg을 먹었습니다. 남은 포도는 몇 kg인지 보기 와 같이 풀이 과정을 쓰고 답을 구해 보세요.

보기
(남은 딸기의 무게)
=(처음 딸기의 무게)−(먹은 딸기의 무게)
$=3-\frac{8}{9}=2\frac{9}{9}-\frac{8}{9}=2\frac{1}{9}$ (kg)

답 $2\frac{1}{9}$ kg

(남은 포도의 무게)

답

2 삼각형

수애가 미술관에서 여러 가지 삼각형으로 만든 그림을 보고 쓴 일기예요.
삼각형을 보고 ( ) 안의 알맞은 말에 ○표 하세요.

○월 ○일 △요일   날씨 ☀

오늘 어린이 그림대회 전시를 다녀왔다.

여러 가지 삼각형으로 덮여진 거북이 그림을 봤는데 신기하고 재미있었다.

△ 와 같이 (두 , 세) 변의 길이가 같은 삼각형.

△ 와 같이 (두 , 세) 각의 크기가 같은 삼각형 등

여러 가지 삼각형들이 있었다. 나도 한번 그려 봐야겠다!

1 삼각형을 변의 길이에 따라 분류하기

● **삼각형을 변의 길이에 따라 분류하기**

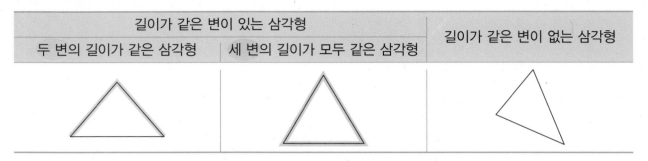

길이가 같은 변이 있는 삼각형		길이가 같은 변이 없는 삼각형
두 변의 길이가 같은 삼각형	세 변의 길이가 모두 같은 삼각형	

● **이등변삼각형 알아보기**

이등변삼각형: 두 변의 길이가 같은 삼각형

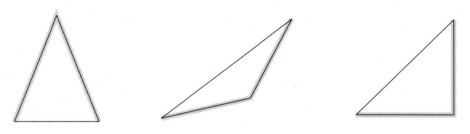

● **정삼각형 알아보기**

정삼각형: 세 변의 길이가 같은 삼각형

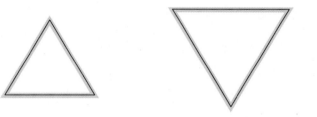

개념 다르게 보기

● **삼각형을 변의 길이에 따라 분류해 보아요!**

→ 세 변의 길이가 같습니다.: 정삼각형

→ 두 변의 길이가 같습니다.: 이등변삼각형

● **정삼각형은 이등변삼각형이라고 할 수 있어요!**

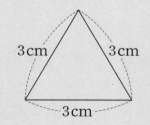

세 변의 길이가 같은 삼각형은 두 변의 길이가 같으므로 정삼각형은 이등변삼각형이라고 할 수 있습니다.

◆ 정답과 풀이 12쪽

1 삼각형을 보고 □ 안에 알맞은 말을 써넣으세요.

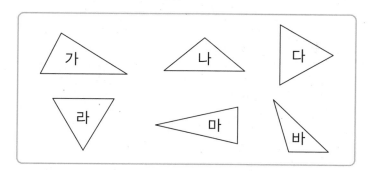

① 나, 다, 라, 마와 같이 두 변의 길이가 같은 삼각형을 [　　　　]이
라고 합니다.

② 다, 라와 같이 세 변의 길이가 같은 삼각형을 [　　　]이라고 합니다.

2 이등변삼각형을 모두 찾아 기호를 써 보세요.

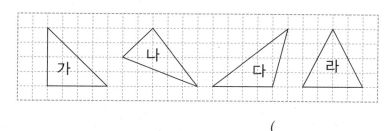

（　　　　　　　　　　　）

모눈의 칸을 보고 두 변의 길이가 같은 삼각형을 찾아봐요.

3 이등변삼각형입니다. □ 안에 알맞은 수를 써넣으세요.

①
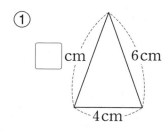

②
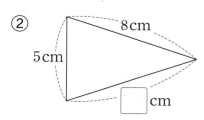

이등변삼각형은 두 변의 길이가 같아요.

4 정삼각형입니다. □ 안에 알맞은 수를 써넣으세요.

①
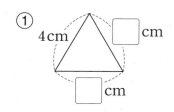

②
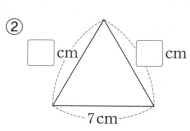

정삼각형은 세 변의 길이가 같아요.

2 이등변삼각형의 성질, 정삼각형의 성질

이등변삼각형의 성질

• 이등변삼각형의 성질 ➡ 이등변삼각형은 길이가 같은 두 변과 함께 하는 두 각의 크기가 같습니다.

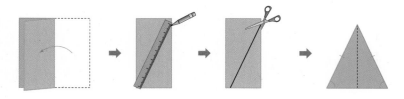

• 두 각의 크기가 30°인 삼각형 ㄱㄴㄷ 그리기

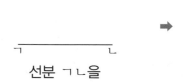

선분 ㄱㄴ을
긋습니다.

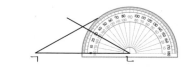

점 ㄱ, 점 ㄴ을 각각 각의 꼭짓점으로
하고 크기가 30°인 각을 그립니다.

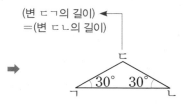

(변 ㄷㄱ의 길이)
＝(변 ㄷㄴ의 길이)

두 각의 변이 만나는
점을 점 ㄷ으로 합니다.

정삼각형의 성질

• 정삼각형의 성질 ➡ 정삼각형은 길이가 같은 세 변과 함께 하는 세 각의 크기가 같습니다.

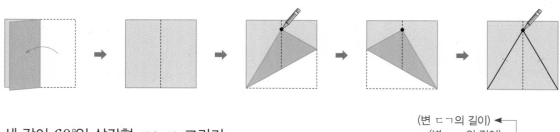

• 세 각이 60°인 삼각형 ㄱㄴㄷ 그리기

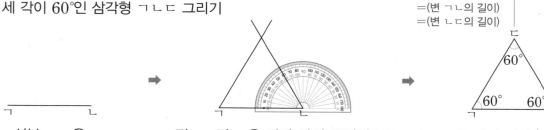

(변 ㄷㄱ의 길이)
＝(변 ㄱㄴ의 길이)
＝(변 ㄴㄷ의 길이)

선분 ㄱㄴ을
긋습니다.

점 ㄱ, 점 ㄴ을 각각 각의 꼭짓점으로
하고 크기가 60°인 각을 그립니다.

두 각의 변이 만나는
점을 점 ㄷ으로 합니다.

개념 자세히 보기

• **자를 사용하여 이등변삼각형을 그릴 수 있어요!**

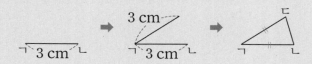

• **컴퍼스와 자를 사용하여 정삼각형을 그릴 수 있어요!**

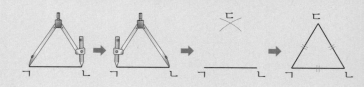

➔ 정답과 풀이 12쪽

1 색종이를 반으로 접은 후 선을 따라 잘라서 펼친 그림입니다. 물음에 답하세요.

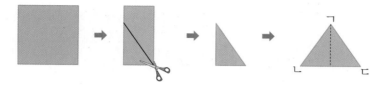

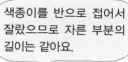
색종이를 반으로 접어서 잘랐으므로 자른 부분의 길이는 같아요.

① 삼각형 ㄱㄴㄷ은 이등변삼각형일까요? 정삼각형일까요?

( )

② 각 ㄱㄴㄷ의 크기가 55°이면 각 ㄱㄷㄴ의 크기는 몇 도일까요?

( )

2 주어진 선분을 한 변으로 하는 정삼각형을 그리고, ☐ 안에 알맞은 수를 써넣으세요.

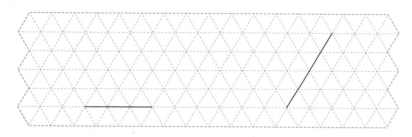

모눈의 한 칸은 정삼각형 모양이에요.

정삼각형은 세 각의 크기가 모두 ☐°로 같습니다.

3 이등변삼각형입니다. ☐ 안에 알맞은 수를 써넣으세요.

①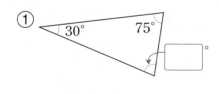
30° 75° ☐°

②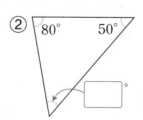
80° 50° ☐°

크기가 같은 두 각

4 정삼각형입니다. ☐ 안에 알맞은 수를 써넣으세요.

①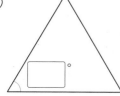
☐°

②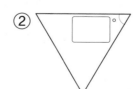
☐°

정삼각형은 크기는 달라도 모양은 모두 같아요.

기본기 강화 문제

① 이등변삼각형, 정삼각형 찾기 (1)

● 자를 사용하여 이등변삼각형 또는 정삼각형을 모두 찾아 기호를 써 보세요.

1

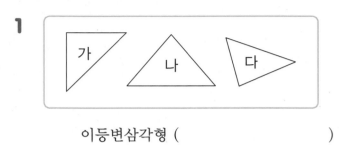

이등변삼각형 (   )

2

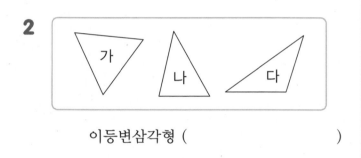

이등변삼각형 (   )

3

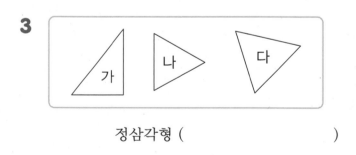

정삼각형 (   )

4

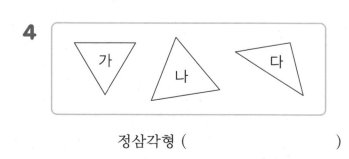

정삼각형 (   )

② 이등변삼각형, 정삼각형 찾기 (2)

● 삼각형의 세 변의 길이를 나타낸 것입니다. 이등변삼각형 또는 정삼각형을 찾아 기호를 써 보세요.

1

ㄱ 12 cm, 16 cm, 20 cm
ㄴ 15 cm, 8 cm, 15 cm
ㄷ 6 cm, 10 cm, 7 cm

이등변삼각형 (   )

2

ㄱ 9 cm, 9 cm, 9 cm
ㄴ 3 cm, 4 cm, 5 cm
ㄷ 15 cm, 17 cm, 16 cm

이등변삼각형 (   )

3

ㄱ 16 cm, 15 cm, 14 cm
ㄴ 33 cm, 33 cm, 30 cm
ㄷ 22 cm, 22 cm, 22 cm

정삼각형 (   )

4

ㄱ 50 cm, 40 cm, 70 cm
ㄴ 17 cm, 17 cm, 17 cm
ㄷ 25 cm, 25 cm, 35 cm

정삼각형 (   )

3 이등변삼각형, 정삼각형 찾기 (3)

● 삼각형을 보고 빈칸에 알맞은 기호를 써넣으세요.

1
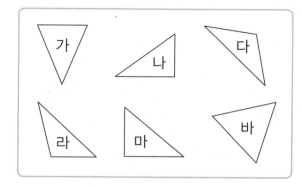

이등변삼각형	
정삼각형	

2
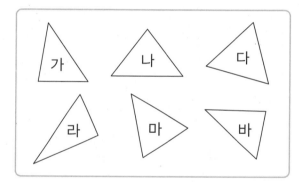

이등변삼각형	
정삼각형	

3
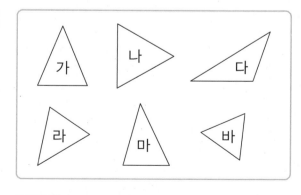

이등변삼각형	
정삼각형	

4 이등변삼각형에서 크기가 같은 두 각 찾기

● 이등변삼각형에서 길이가 같은 두 변을 따라 그리고, 크기가 같은 두 각에 ○표 하세요.

1 **2**

3 **4**

5  **6**

7 **8**

9 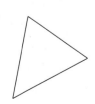 **10**

● 이등변삼각형을 찾아 빨간색으로 따라 그리고, 정삼각형을 찾아 노란색으로 색칠해 보세요.

6 이등변삼각형에서 변의 길이 구하기

● 이등변삼각형입니다. ☐ 안에 알맞은 수를 써넣으세요.

1
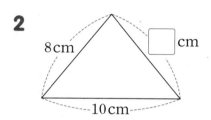
7cm ☐ cm
5cm

2
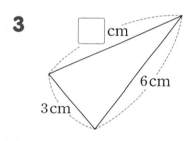
8cm ☐ cm
10cm

3
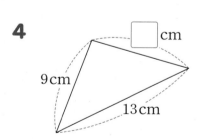
☐ cm
6cm
3cm

4
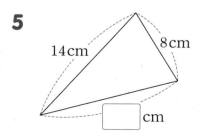
☐ cm
9cm
13cm

5
14cm 8cm
☐ cm

7 정삼각형에서 변의 길이 구하기

● 정삼각형입니다. ☐ 안에 알맞은 수를 써넣으세요.

1
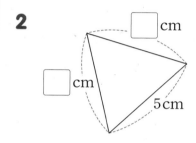
☐ cm ☐ cm
6cm

2
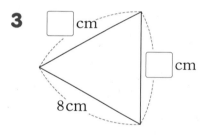
☐ cm
☐ cm
5cm

3
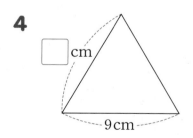
☐ cm
☐ cm
8cm

4
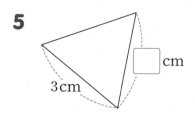
☐ cm
9cm

5
☐ cm
3cm

⑧ 조건에 맞는 삼각형 그리기 (1)

● 조건에 맞는 삼각형을 그려 보세요.

1 한 변의 길이가 2 cm인 이등변삼각형

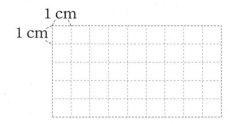

2 한 변의 길이가 3 cm인 이등변삼각형

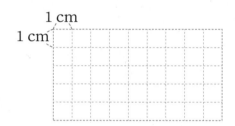

3 두 변의 길이가 4 cm인 이등변삼각형

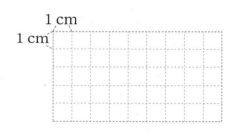

4 한 변의 길이가 2 cm인 정삼각형

5 한 변의 길이가 3 cm인 정삼각형

⑨ 이등변삼각형에서 각의 크기 구하기

● 이등변삼각형입니다. ☐ 안에 알맞은 수를 써넣으세요.

1

2

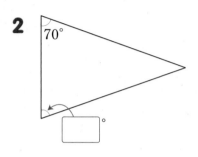

3

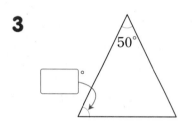

4

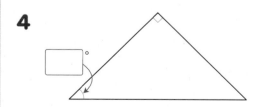

5

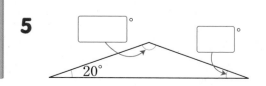

⑩ 정삼각형에서 변의 길이와 각의 크기 구하기

● 정삼각형입니다. ☐ 안에 알맞은 수를 써넣으세요.

1

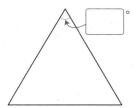

2

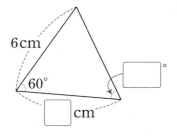

3

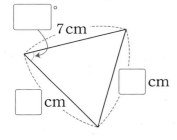

4

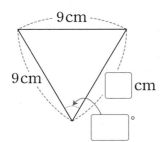

5

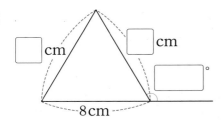

⑪ 조건에 맞는 삼각형 그리기(2)

● 자와 각도기를 사용하여 조건에 맞는 삼각형을 그려 보세요.

1 두 변의 길이가 각각 2cm이고, 세 각의 크기가 50°, 50°, 80°인 이등변삼각형

2 한 변의 길이가 3cm이고, 그 양끝 각의 크기가 각각 45°인 이등변삼각형

3 한 변의 길이가 2cm인 정삼각형

4 한 변의 길이가 3cm인 정삼각형

3 삼각형을 각의 크기에 따라 분류하기

● **예각삼각형 알아보기**

예각삼각형: 세 각이 모두 예각인 삼각형

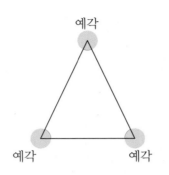
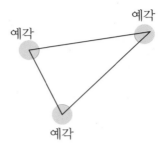
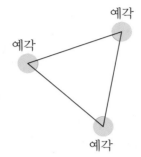

● **둔각삼각형 알아보기**

둔각삼각형: 한 각이 둔각인 삼각형

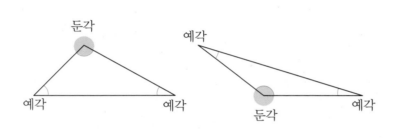
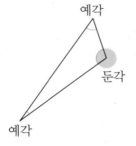

● **삼각형을 각의 크기에 따라 분류하기**

예각삼각형	둔각삼각형	직각삼각형
세 각이 모두 예각	한 각이 둔각	한 각이 직각

● **세 각 중 한 각의 크기만으로 삼각형을 분류하면 틀릴 수 있어요!**

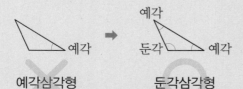

예각삼각형   둔각삼각형

세 각 중 한 각의 크기만으로 삼각형을 분류할 경우 한 예각만 보고 예각삼각형이라고 하면 틀릴 수 있습니다.

◐ 정답과 풀이 15쪽

1 ☐ 안에 알맞은 말을 써넣으세요.

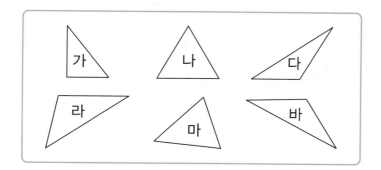

① 가와 같이 한 각이 직각인 삼각형을 ☐ 이라고 합니다.

② 나, 마와 같이 세 각이 모두 예각인 삼각형을 ☐ 이라고 합니다.

③ 다, 라, 바와 같이 한 각이 둔각인 삼각형을 ☐ 이라고 합니다.

2

2 예각삼각형은 '예', 둔각삼각형은 '둔', 직각삼각형은 '직'을 ☐ 안에 써넣으세요.

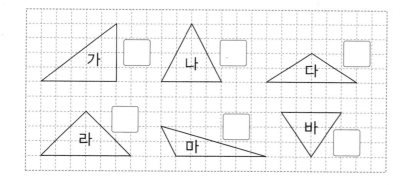

모눈에서 직각을 찾을 수 있어요.

3 점 종이에 예각삼각형, 직각삼각형, 둔각삼각형을 각각 1개씩 그려 보세요.

점 종이에 삼각형을 그리는 경우 세 꼭짓점을 먼저 정하고 꼭짓점을 연결하면 삼각형을 쉽게 그릴 수 있어요.

4 삼각형을 두 가지 기준으로 분류하기

● 변의 길이와 각의 크기에 따라 삼각형 분류하기

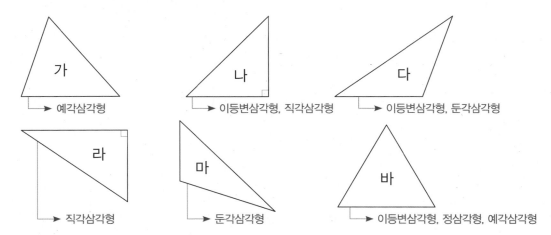

・변의 길이에 따라 삼각형 분류하기

이등변삼각형	나, 다, 바
세 변의 길이가 모두 다른 삼각형	가, 라, 마

・각의 크기에 따라 삼각형 분류하기

예각삼각형	둔각삼각형	직각삼각형
가, 바	다, 마	나, 라

・변의 길이와 각의 크기에 따라 삼각형 분류하기

	예각삼각형	둔각삼각형	직각삼각형
이등변삼각형	바	다	나
세 변의 길이가 모두 다른 삼각형	가	마	라

개념 자세히 보기

● 표를 이용하여 분류하지 않고 다른 방법으로 분류할 수 있어요!

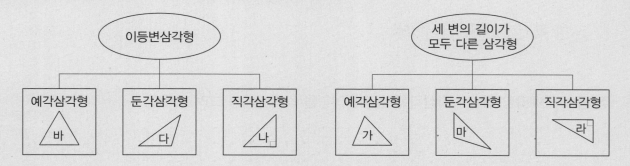

➲ 정답과 풀이 15쪽

① ☐ 안에 알맞은 삼각형의 이름을 써넣으세요.

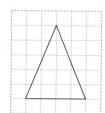

① 두 변의 길이가 같으므로 ☐ 입니다.

② 세 각이 모두 예각이므로 ☐ 입니다.

삼각형을 변의 길이와 각의 크기에 따라 분류할 수 있어요.

② ☐ 안에 알맞은 삼각형의 이름을 써넣으세요.

① 두 변의 길이가 같으므로 ☐ 입니다.

② 한 각이 둔각이므로 ☐ 입니다.

③ 삼각형을 분류해 보세요.

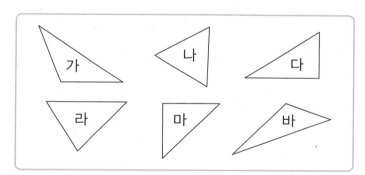

명태처럼 삼각형도 다양한 이름이 있어요.

① 변의 길이에 따라 삼각형을 분류하여 빈칸에 기호를 써넣으세요.

이등변삼각형	
세 변의 길이가 모두 다른 삼각형	

② 각의 크기에 따라 삼각형을 분류하여 빈칸에 기호를 써넣으세요.

예각삼각형	둔각삼각형	직각삼각형

③ 변의 길이와 각의 크기에 따라 삼각형을 분류하여 빈칸에 기호를 써넣으세요.

	예각삼각형	둔각삼각형	직각삼각형
이등변삼각형			
세 변의 길이가 모두 다른 삼각형			

기본기 강화 문제

12 예각삼각형, 둔각삼각형 알아보기

• 예각삼각형, 둔각삼각형 중 어떤 삼각형인지 써 보세요.

1

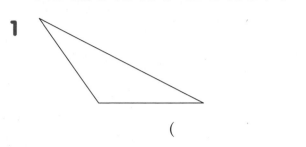

(   )

2

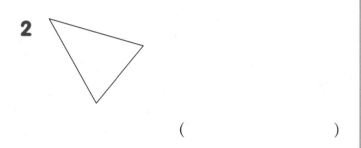

(   )

3

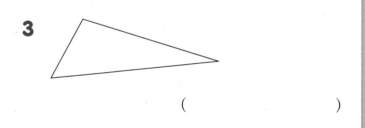

(   )

4

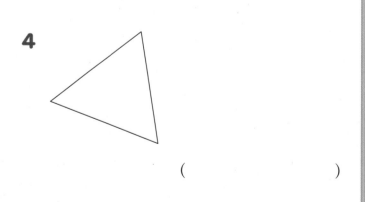

(   )

5

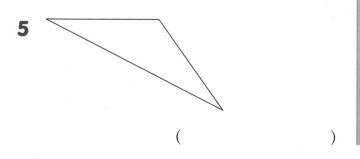

(   )

13 삼각형을 각의 크기에 따라 분류하기

• 삼각형을 각의 크기에 따라 분류하여 빈칸에 기호를 써넣으세요.

1

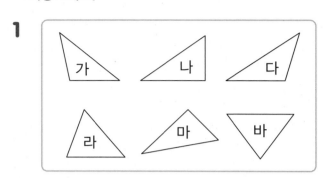

예각삼각형	둔각삼각형	직각삼각형

2

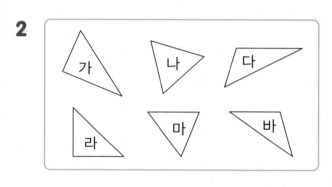

예각삼각형	둔각삼각형	직각삼각형

3

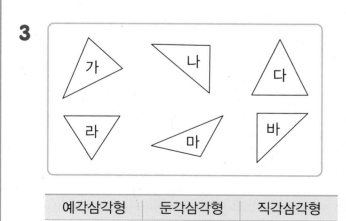

예각삼각형	둔각삼각형	직각삼각형

14 각의 크기를 구하여 삼각형 분류하기

- ☐ 안에 알맞은 수를 써넣고 예각삼각형, 둔각삼각형, 직각삼각형 중 어떤 삼각형인지 써 보세요.

1
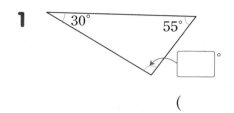

(   )

2
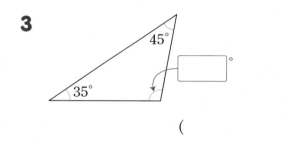

(   )

3
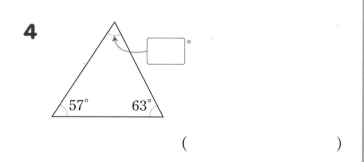

(   )

4
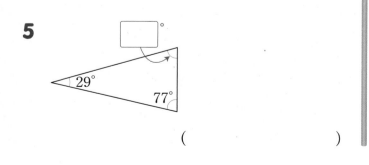

(   )

5

(   )

15 조건에 맞는 삼각형 그리기 (3)

- 조건에 맞는 삼각형을 각각 2개씩 그려 보세요.

1 예각삼각형

2 둔각삼각형

3 직각삼각형

4 세 각이 모두 예각인 삼각형

5 한 각이 둔각인 삼각형

16 설명이 틀린 이유 쓰기

● 삼각형에 대해 <u>잘못</u> 설명하였습니다. 그 이유를 설명해 보세요.

1

예각이 있으므로 예각삼각형입니다.

이유 ....
....

2

두 각이 예각이므로 예각삼각형입니다.

이유 ....
....

3

직각이 없으므로 둔각삼각형입니다.

이유 ....
....

4

둔각이 없으므로 직각삼각형입니다.

이유 ....
....

17 도형판에서 삼각형 만들기

● ㉠에 고무줄을 걸쳐 삼각형을 만들었습니다. 조건에 맞게 ㉠에 걸친 고무줄을 움직일 때 만들어지는 삼각형의 이름을 써 보세요.

1 오른쪽으로 1칸

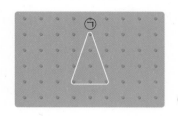

(   )

2 왼쪽으로 2칸

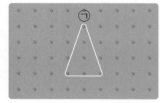

(   )

3 왼쪽으로 3칸

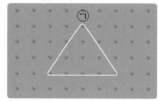

(   )

4 오른쪽으로 2칸

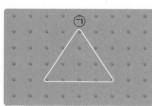

(   )

5 오른쪽으로 2칸

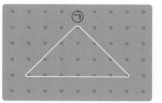

(   )

⓲ 도형을 여러 가지 삼각형으로 나누기

● □ 안에 알맞은 수나 말을 써넣으세요.

1

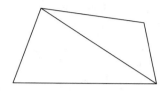

사각형의 꼭짓점을 이었더니 예각삼각형이
□ 개, □ 이 1개 생겼습니다.

2

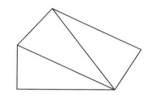

오각형의 꼭짓점을 이었더니 예각삼각형이
□ 개, 직각삼각형이 □ 개 생겼습니다.

3

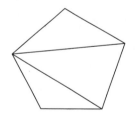

오각형의 꼭짓점을 이었더니 예각삼각형이
□ 개, 둔각삼각형이 □ 개 생겼습니다.

4

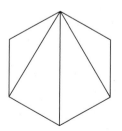

육각형의 꼭짓점을 이었더니 둔각삼각형이
□ 개, 직각삼각형이 □ 개 생겼습니다.

⓳ 삼각형의 이름 알아보기 (1)

● □ 안에 알맞은 삼각형의 이름을 써넣으세요.

1

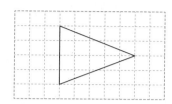

• 두 변의 길이가 같으므로 □ 입니다.
• 두 각의 크기가 같으므로 □ 입니다.
• 세 각이 모두 예각이므로 □ 입니다.

2

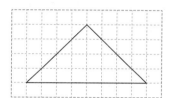

• 두 변의 길이가 같으므로 □ 입니다.
• 두 각의 크기가 같으므로 □ 입니다.
• 한 각이 직각이므로 □ 입니다.

3

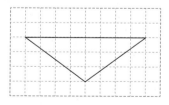

• 두 변의 길이가 같으므로 □ 입니다.
• 두 각의 크기가 같으므로 □ 입니다.
• 한 각이 둔각이므로 □ 입니다.

20 삼각형을 두 가지 기준으로 분류하기

● 삼각형을 변의 길이와 각의 크기에 따라 분류하여 빈 칸에 기호를 써넣으세요.

1

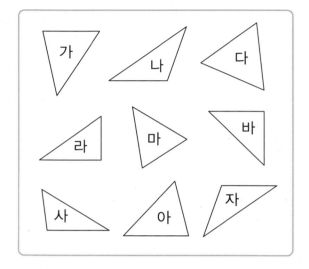

	예각삼각형	둔각삼각형	직각삼각형
이등변삼각형			
세 변의 길이가 모두 다른 삼각형			

2

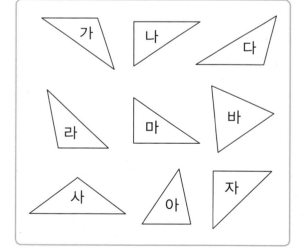

	예각삼각형	둔각삼각형	직각삼각형
이등변삼각형			
세 변의 길이가 모두 다른 삼각형			

21 삼각형의 이름 알아보기(2)

● 삼각형의 세 각의 크기를 나타낸 것입니다. 어떤 삼각형인지 보기 에서 이름을 모두 찾아 써 보세요.

> **보기**
>
> 이등변삼각형   정삼각형
> 예각삼각형   둔각삼각형   직각삼각형

1

| 65°   50°   65° |

(   )

2

| 70°   50°   60° |

(   )

3

| 35°   35°   110° |

(   )

4

| 45°   40°   95° |

(   )

5

| 55°   70°   55° |

(   )

6

| 40°   40°   100° |

(   )

7

| 45°   55°   80° |

(   )

8

| 45°   90°   45° |

(   )

22 미로 통과하기

● 삼각형의 이름이 될 수 있는 것을 따라 길을 가야 미로를 통과할 수 있습니다. 출발에서부터 미로를 통과해 보세요.

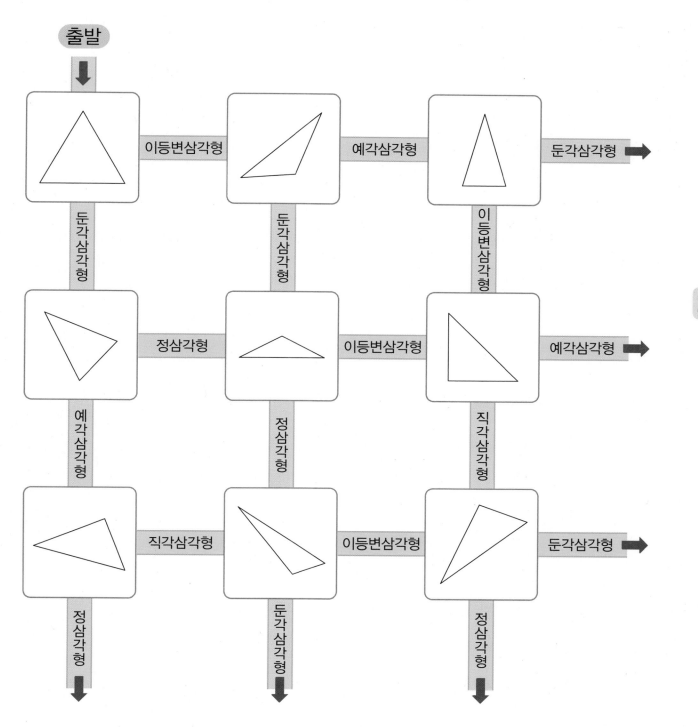

㉓ 삼각형의 이름 알아보기 (3)

● 삼각형의 일부가 지워졌습니다. 삼각형의 이름이 될 수 있는 것을 모두 찾아 ○표 하세요.

1
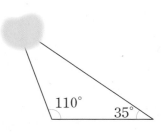

이등변삼각형

정삼각형

예각삼각형

둔각삼각형

직각삼각형

2
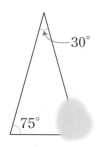

이등변삼각형

정삼각형

예각삼각형

둔각삼각형

직각삼각형

3
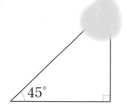

이등변삼각형

정삼각형

예각삼각형

둔각삼각형

직각삼각형

4
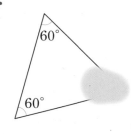

이등변삼각형

정삼각형

예각삼각형

둔각삼각형

직각삼각형

㉔ 조건에 맞는 삼각형 그리기

● 조건에 맞는 삼각형을 그려 보세요.

1

• 두 변의 길이가 같습니다.
• 세 각이 모두 예각입니다.

2
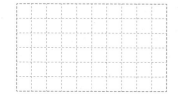
• 두 각의 크기가 같습니다.
• 세 각이 모두 예각입니다.

3

• 두 변의 길이가 같습니다.
• 한 각이 직각입니다.

4

• 두 각의 크기가 같습니다.
• 한 각이 둔각입니다.

단원 평가

| 점수 | 확인 |

[1~2] 삼각형을 보고 물음에 답하세요.

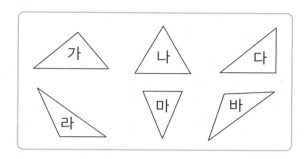

1 이등변삼각형을 모두 찾아 기호를 써 보세요.

( )

2 정삼각형을 찾아 기호를 써 보세요.

( )

3 삼각형의 세 변의 길이를 나타낸 것입니다. 이등변삼각형을 모두 고르세요. ( )

① 3 cm, 3 cm, 3 cm
② 3 cm, 4 cm, 5 cm
③ 5 cm, 8 cm, 5 cm
④ 5 cm, 12 cm, 13 cm
⑤ 7 cm, 9 cm, 10 cm

4 이등변삼각형입니다. ☐ 안에 알맞은 수를 써넣으세요.

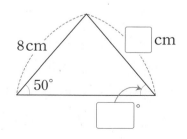

5 정삼각형입니다. ☐ 안에 알맞은 수를 써넣으세요.

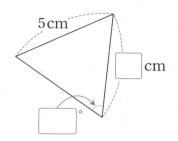

6 삼각형의 세 변의 길이의 합을 구해 보세요.

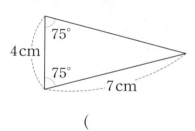

( )

7 이등변삼각형입니다. 세 변의 길이의 합이 26 cm일 때 ☐ 안에 알맞은 수를 써넣으세요.

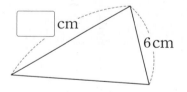

8 알맞은 말에 ○표 하고, ☐ 안에 알맞은 말을 써넣으세요.

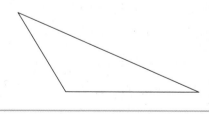

(한 , 두 , 세) 각이 둔각인 삼각형을 ☐ 이라고 합니다.

9 삼각형을 보고 물음에 답하세요.

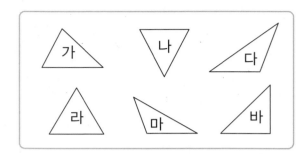

(1) 예각삼각형은 모두 몇 개일까요?

(   )

(2) 둔각삼각형은 모두 몇 개일까요?

(   )

10 직사각형 모양의 종이를 점선을 따라 잘랐습니다. 둔각삼각형을 모두 찾아 기호를 써 보세요.

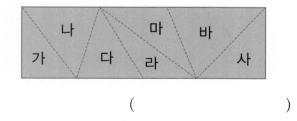

(   )

11 점 종이에 예각삼각형과 둔각삼각형을 각각 1개씩 그려 보세요.

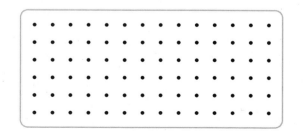

12 삼각형의 세 각의 크기를 나타낸 것입니다. 둔각삼각형을 찾아 기호를 써 보세요.

㉠ 90°, 15°, 75°	㉡ 65°, 65°, 50°
㉢ 15°, 30°, 135°	㉣ 60°, 80°, 40°

(   )

13 사각형에 선분을 한 개만 그어 예각삼각형 2개를 만들어 보세요.

14 예각삼각형의 두 각이 될 수 있는 것을 찾아 기호를 써 보세요.

㉠ 30°, 70°   ㉡ 50°, 40°   ㉢ 40°, 40°

(   )

15 다음 설명 중 옳지 <u>않은</u> 것을 모두 고르세요.

(   )

① 이등변삼각형은 정삼각형이라고 할 수 있습니다.
② 예각삼각형은 세 각이 모두 예각입니다.
③ 둔각삼각형은 두 각이 둔각입니다.
④ 정삼각형은 예각삼각형입니다.
⑤ 직각삼각형은 한 각이 직각입니다.

16 삼각형을 변의 길이와 각의 크기에 따라 분류하여 빈칸에 기호를 써넣으세요.

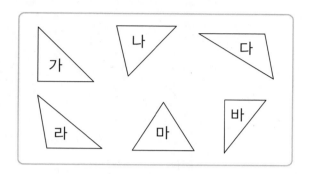

	예각삼각형	둔각삼각형	직각삼각형
이등변삼각형			
세 변의 길이가 모두 다른 삼각형			

17 삼각형의 이름이 될 수 있는 것을 모두 찾아 기호를 써 보세요.

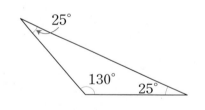

> ㉠ 이등변삼각형 ㉡ 정삼각형
> ㉢ 예각삼각형 ㉣ 둔각삼각형
> ㉤ 직각삼각형

( )

18 길이가 다음과 같은 막대 3개를 변으로 하여 삼각형을 만들려고 합니다. 만들 수 있는 삼각형의 이름을 모두 써 보세요.

> 7 cm, 7 cm, 7 cm

( )

19 정삼각형의 세 변의 길이의 합은 몇 cm인지 보기 와 같이 풀이 과정을 쓰고 답을 구해 보세요.

> **보기**
>
>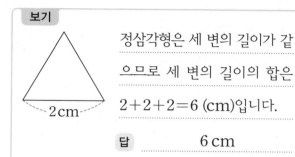
>
> 정삼각형은 세 변의 길이가 같으므로 세 변의 길이의 합은 2+2+2=6 (cm)입니다.
>
> 답 _____ 6 cm

>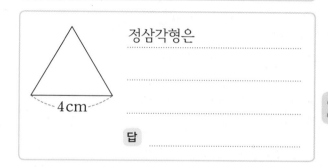
>
> 정삼각형은 _____
> _____
> _____
>
> 답 _____

20 두 각의 크기가 35°, 40°인 삼각형은 예각삼각형과 둔각삼각형 중에서 어떤 삼각형인지 보기 와 같이 풀이 과정을 쓰고 답을 구해 보세요.

> **보기**
>
> 두 각의 크기가 55°, 70°인 삼각형의 나머지 한 각의 크기는 180°−55°−70°=55°입니다.
>
> 세 각이 모두 예각이므로 예각삼각형입니다.
>
> 답 _____ 예각삼각형

> 두 각의 크기가 _____
> _____
> _____
> _____
>
> 답 _____

2

3 소수의 덧셈과 뺄셈

미술 시간에 은정이와 시영이는 색 테이프 자르기를 하고 있어요.
자를 사용하여 ☐ 안에 알맞은 길이를 써넣고 자르고 남은 길이를 구해 보세요.

1 소수 두 자리 수

● 1보다 작은 소수 두 자리 수 알아보기

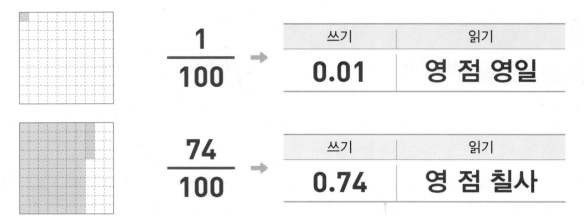

$\dfrac{1}{100}$	→	쓰기	읽기
		0.01	**영 점 영일**

$\dfrac{74}{100}$	→	쓰기	읽기
		0.74	**영 점 칠사**

● 1보다 큰 소수 두 자리 수 알아보기

$1\dfrac{36}{100}$	→	쓰기	읽기
		1.36	**일 점 삼육**

일의 자리		소수 첫째 자리	소수 둘째 자리	
1	.	3	6	
1	.			→ 1
0	.	3		→ 0.3
0	.	0	6	→ 0.06

1.36
일의 자리 숫자 1 → 1이 1개 → **1**
소수 첫째 자리 숫자 3 → 0.1이 3개 → **0.3**
소수 둘째 자리 숫자 6 → 0.01이 6개 → **0.06**
→ 나타내는 수

개념 자세히 보기

● 소수를 읽을 때 소수점 오른쪽의 수는 숫자만 하나씩 차례대로 읽어야 해요!

20.41 → 이십 점 사십일 → 20.41 → 이십 점 사일 │ 15.15 → 십오 점 십오 → 15.15 → 십오 점 일오

➲ 정답과 풀이 20쪽

① 전체 크기가 1인 모눈종이입니다. ☐ 안에 알맞은 수를 써넣으세요.

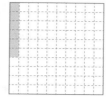

① 색칠된 부분의 크기를 분수로 나타내면 ☐ 입니다.

② 색칠된 부분의 크기를 소수로 나타내면 ☐ 입니다.

3학년 때 배웠어요

소수 알아보기

$\frac{1}{10}$

0 ↑ 1
　0.1

분수 $\frac{1}{10}$ 을 소수로 나타내기

$\frac{1}{10}$ ➡ ┌ 쓰기: 0.1
　　　└ 읽기: 영 점 일

② ☐ 안에 알맞은 수나 말을 써넣으세요.

① 분수 $\frac{43}{100}$ 을 소수로 나타내면 ☐ 이고, ☐ (이)라고 읽습니다.

② 분수 $3\frac{58}{100}$ 을 소수로 나타내면 ☐ 이고, ☐ (이)라고 읽습니다.

③ 4.56을 보고 빈칸에 알맞은 수를 써넣으세요.

	일의 자리	소수 첫째 자리	소수 둘째 자리
숫자	4		
나타내는 수		0.5	

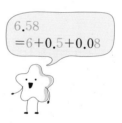

6.58
=6+0.5+0.08

④ ☐ 안에 알맞은 소수를 써넣으세요.

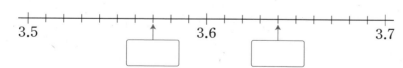

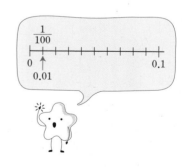

$\frac{1}{100}$

0 ↑ 0.1
　0.01

⑤ 6.95를 보고 ☐ 안에 알맞은 수나 말을 써넣으세요.

① 6은 일의 자리 숫자이고, ☐ 을/를 나타냅니다.

② 9는 소수 첫째 자리 숫자이고, ☐ 을/를 나타냅니다.

③ 5는 ☐ 자리 숫자이고, ☐ 을/를 나타냅니다.

■.▲●
↓

일의 자리 숫자	■
소수 첫째 자리 숫자	▲
소수 둘째 자리 숫자	●

2 소수 세 자리 수

● 1보다 작은 소수 세 자리 수 알아보기

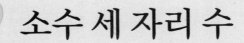

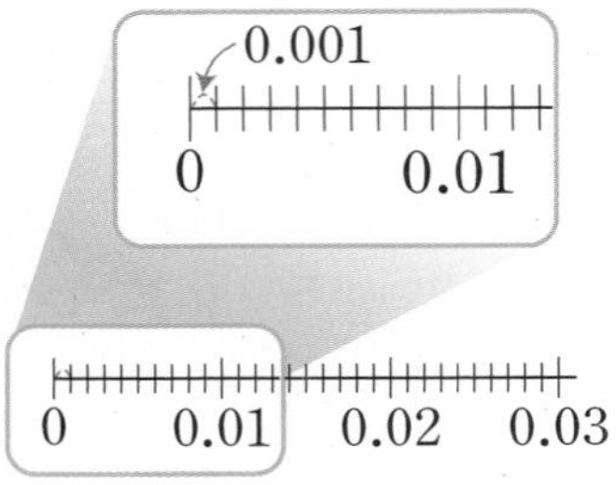

$\dfrac{1}{1000}$ →

쓰기	읽기
0.001	영 점 영영일

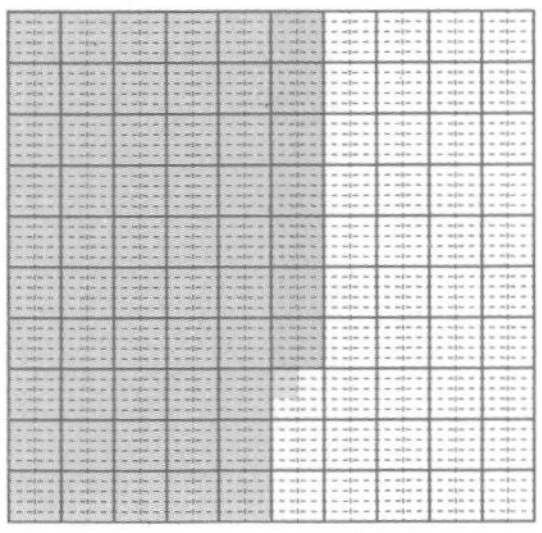

$\dfrac{573}{1000}$ →

쓰기	읽기
0.573	영 점 오칠삼

● 1보다 큰 소수 세 자리 수 알아보기

$2\dfrac{758}{1000}$ →

쓰기	읽기
2.758	이 점 칠오팔

일의 자리		소수 첫째 자리	소수 둘째 자리	소수 셋째 자리	
2	.	7	5	8	
2	.				→ 2
0	.	7			→ 0.7
0	.	0	5		→ 0.05
0	.	0	0	8	→ 0.008

2.758

일의 자리 숫자 2 → 1이 2개 → **2**

소수 첫째 자리 숫자 7 → 0.1이 7개 → **0.7**

소수 둘째 자리 숫자 5 → 0.01이 5개 → **0.05**

소수 셋째 자리 숫자 8 → 0.001이 8개 → **0.008**

└→ 나타내는 수

⟶ 정답과 풀이 **20**쪽

1 수직선을 보고 ☐ 안에 알맞은 수를 써넣으세요.

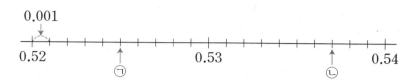

① ㉠이 나타내는 소수는 ☐ 입니다.

② ㉡이 나타내는 소수는 ☐ 입니다.

0.01을 똑같이 10으로 나눈 것 중의 하나는 0.001이에요.

2 ☐ 안에 알맞은 수나 말을 써넣으세요.

① 분수 $\dfrac{213}{1000}$ 을 소수로 나타내면 ☐ 이고, ☐ (이)라고 읽습니다.

② 분수 $3\dfrac{108}{1000}$ 을 소수로 나타내면 ☐ 이고, ☐ (이)라고 읽습니다.

소수점 오른쪽의 수는 숫자만 하나씩 차례대로 읽어요.

3 ☐ 안에 알맞은 수를 써넣으세요.

① 0.513은 ⎡ 0.1이 5 개
⎢ 0.01이 ☐ 개
⎣ 0.001이 ☐ 개

② 4.237은 ⎡ 1이 4 개
⎢ 0.1이 ☐ 개
⎢ 0.01이 3 개
⎣ 0.001이 ☐ 개

0.304에서 0.01은 0개예요.

4 9.568을 보고 ☐ 안에 알맞은 수나 말을 써넣으세요.

① 9는 ☐ 의 자리 숫자이고, ☐ 을/를 나타냅니다.

② 5는 소수 첫째 자리 숫자이고, ☐ 을/를 나타냅니다.

③ 6은 ☐ 자리 숫자이고, ☐ 을/를 나타냅니다.

④ 8은 소수 셋째 자리 숫자이고, ☐ 을/를 나타냅니다.

■.▲●★ ↓	
일의 자리 숫자	■
소수 첫째 자리 숫자	▲
소수 둘째 자리 숫자	●
소수 셋째 자리 숫자	★

3 소수의 크기 비교, 소수 사이의 관계

● **소수의 크기 비교**

- 0.2와 0.20 비교하기

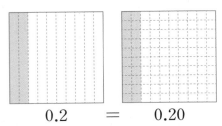

소수는 필요한 경우 오른쪽 끝자리에 0을 붙여서 나타낼 수 있습니다.

- 소수의 크기 비교하기

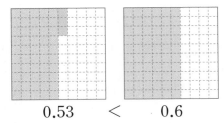

색칠한 칸 수가 0.6이 더 많으므로 0.53<0.6 입니다.

- 소수의 크기 비교하는 방법: 높은 자리부터 차례대로 같은 자리 숫자의 크기를 비교합니다.

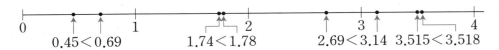

자연수 부분	소수 첫째 자리 숫자	소수 둘째 자리 숫자	소수 셋째 자리 숫자
2.69<**3.14**	**0.69**>**0.45**	**1.74**<**1.78**	**3.518**>**3.515**

● **소수 사이의 관계**

- 1, 0.1, 0.01, 0.001 사이의 관계 알아보기

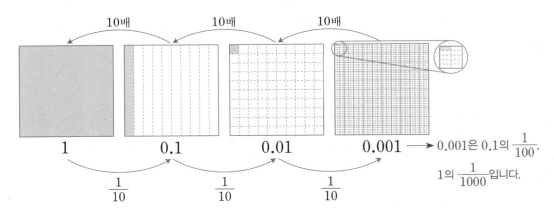

0.001은 0.1의 $\frac{1}{100}$, 1의 $\frac{1}{1000}$입니다.

- 소수 사이의 관계 알아보기

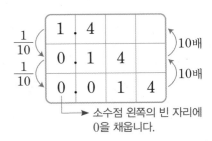

→ 소수점 왼쪽의 빈 자리에 0을 채웁니다.

소수의 $\frac{1}{10}$ 은 소수점을 기준으로 수가 오른쪽으로 한 자리 이동합니다.

소수를 **10배** 하면 소수점을 기준으로 수가 왼쪽으로 한 자리 이동합니다.

🔵 정답과 풀이 21쪽

① 전체 크기가 1인 모눈종이에 두 소수를 나타내고, 두 수의 크기를 비교하여 ◯ 안에 >, =, <를 알맞게 써넣으세요.

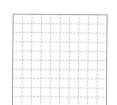 0.44 ◯ 0.39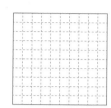

② 2.458과 2.475를 수직선에 화살표(↑)로 나타내고, 두 수의 크기를 비교하여 ◯ 안에 >, =, <를 알맞게 써넣으세요.

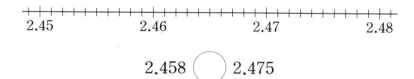

2.458 ◯ 2.475

③ 두 수의 크기를 비교하여 ◯ 안에 >, =, <를 알맞게 써넣으세요.

① 0.09 ◯ 0.13

② 5.64 ◯ 5.496

③ 4.012 ◯ 7.001

④ 9.678 ◯ 9.688

소수의 크기를 비교할 때 높은 자리부터 차례대로 크기를 비교해요.

④ 빈칸에 알맞은 수를 써넣으세요.

$\frac{1}{10}$ $\frac{1}{10}$ 10배 10배

0.01		1	10	100
		0.7	7	
	4.95	49.5		

⑤ ☐ 안에 알맞은 수를 써넣으세요.

① 0.9의 10배는 ☐이고, 100배는 ☐입니다.

② 5.7의 $\frac{1}{10}$은 ☐이고, $\frac{1}{100}$은 ☐입니다.

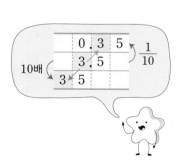

기본기 강화 문제

1 색칠된 부분의 크기를 소수로 나타내기

• 전체 크기가 1인 모눈종이에 색칠된 부분의 크기를 소수로 나타내어 보세요.

1

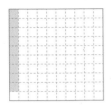

(   )

2

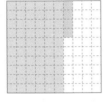

(   )

3

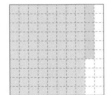

(   )

4

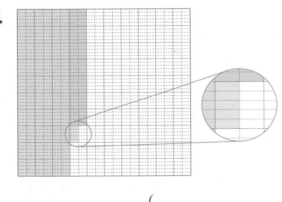

(   )

5

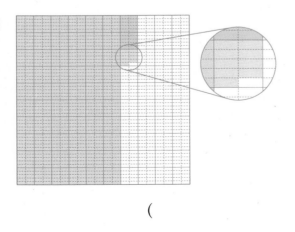

(   )

2 수직선을 보고 소수로 나타내기

• 수직선에서 ↑ 가 가리키는 소수를 쓰고 읽어 보세요.

1

쓰기 (   )
읽기 (   )

2

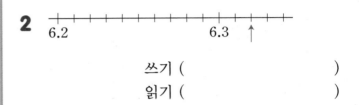

쓰기 (   )
읽기 (   )

3

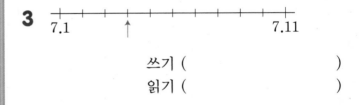

쓰기 (   )
읽기 (   )

4

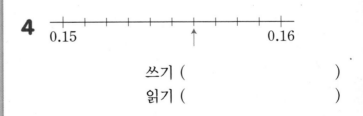

쓰기 (   )
읽기 (   )

5

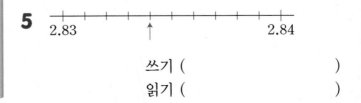

쓰기 (   )
읽기 (   )

③ 분수를 소수로 나타내기

• 분수를 소수로 나타내어 보세요.

1 $\dfrac{63}{100}$ ➡ (   )

2 $1\dfrac{89}{100}$ ➡ (   )

3 $4\dfrac{51}{100}$ ➡ (   )

4 $7\dfrac{6}{100}$ ➡ (   )

5 $\dfrac{274}{1000}$ ➡ (   )

6 $2\dfrac{538}{1000}$ ➡ (   )

7 $3\dfrac{702}{1000}$ ➡ (   )

8 $8\dfrac{95}{1000}$ ➡ (   )

④ 나타내는 수 알아보기

• 밑줄 친 숫자가 나타내는 수를 써 보세요.

1 5.7<u>4</u> ➡ (   )

2 3.4<u>5</u> ➡ (   )

3 2.<u>8</u>4 ➡ (   )

4 5.0<u>9</u> ➡ (   )

5 2.65<u>3</u> ➡ (   )

6 5.<u>6</u>51 ➡ (   )

7 1.78<u>2</u> ➡ (   )

8 83.7<u>4</u>2 ➡ (   )

9 12.09<u>6</u> ➡ (   )

10 30.5<u>0</u>5 ➡ (   )

• □안에 알맞은 소수를 써넣으세요.

1 4 cm = ☐ m

2 35 cm = ☐ m

3 2 m 49 cm = ☐ m

4 317 cm = ☐ m

5 9 m = ☐ km

6 216 m = ☐ km

7 4 km 513 m = ☐ km

8 7052 m = ☐ km

• 설명하는 수가 얼마인지 써 보세요.

1
| 1이 5개, 0.1이 2개, 0.01이 9개인 수 |

(   )

2
| 1이 23개, 0.1이 6개, 0.01이 7개, 0.001이 4개인 수 |

(   )

3
| 1이 38개, 0.1이 2개, 0.001이 6개인 수 |

(   )

4
| 10이 1개, 1이 7개, $\frac{1}{10}$이 8개, $\frac{1}{100}$이 6개인 수 |

(   )

5
| 1이 52개, $\frac{1}{10}$이 4개, $\frac{1}{100}$이 9개, $\frac{1}{1000}$이 7개인 수 |

(   )

7 생략할 수 있는 0 찾기

소수에서 생략할 수 있는 0을 찾아 보기 와 같이 나타내어 보세요.

보기
$$2.090 \rightarrow 2.09$$

1 0.70 ➡ (   )

2 50.20 ➡ (   )

3 0.180 ➡ (   )

4 40.060 ➡ (   )

5 2.90 ➡ (   )

6 0.040 ➡ (   )

7 3.010 ➡ (   )

8 9.500 ➡ (   )

8 소수의 크기 비교하기

두 수의 크기를 비교하여 ◯ 안에 >, =, <를 알맞게 써넣으세요.

1 0.37 ◯ 0.370

2 4.19 ◯ 4.15

3 5.924 ◯ 5.929

4 4.326 ◯ 6.2

5 0.8 ◯ 0.75

6 2.400 ◯ 2.4

7 3.726 ◯ 3.786

8 8.35 ◯ 8.3

9 소수 사이의 관계 알아보기 (1)

● 빈칸에 알맞은 수를 써넣으세요.

1
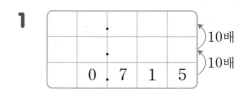

2
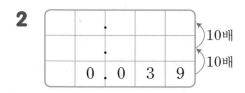

3
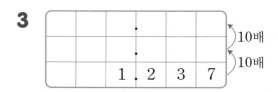

4
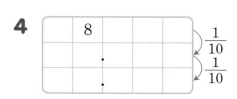

5
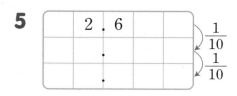

6
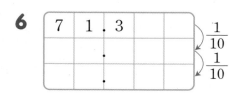

10 소수 사이의 관계 알아보기 (2)

● □ 안에 알맞은 수를 써넣으세요.

1 9.8은 0.98의 [ ] 배입니다.

2 2.7은 0.027의 [ ] 배입니다.

3 5.6은 0.056의 [ ] 배입니다.

4 21.43은 2.143의 [ ] 배입니다.

5 50은 0.05의 [ ] 배입니다.

6 0.6은 6의 [ ] 입니다.

7 1.18은 118의 [ ] 입니다.

8 2.3은 230의 [ ] 입니다.

9 0.179는 179의 [ ] 입니다.

10 2.701은 2701의 [ ] 입니다.

11 사자성어 완성하기

• 수 카드의 앞면에 쓰인 수가 큰 것부터 차례대로 뒷면에 쓰인 글자를 늘어놓고 사자성어를 완성해 보세요.

1

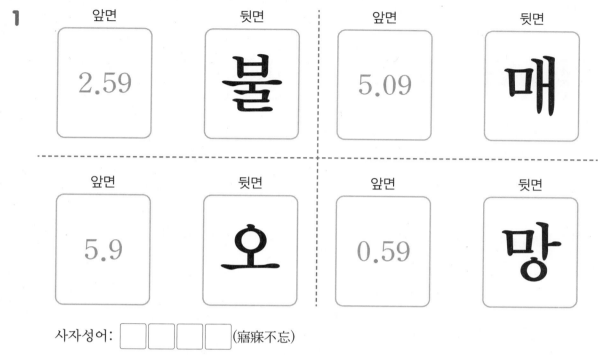

앞면	뒷면	앞면	뒷면
2.59	불	5.09	매
5.9	오	0.59	망

사자성어: ☐☐☐☐ (寤寐不忘)

뜻: 자나 깨나 잊지 못한다는 뜻으로 사랑하는 사람을 그리워하거나 근심 또는 생각이
많아 잠 못 드는 것을 비유하여 사용합니다.

2

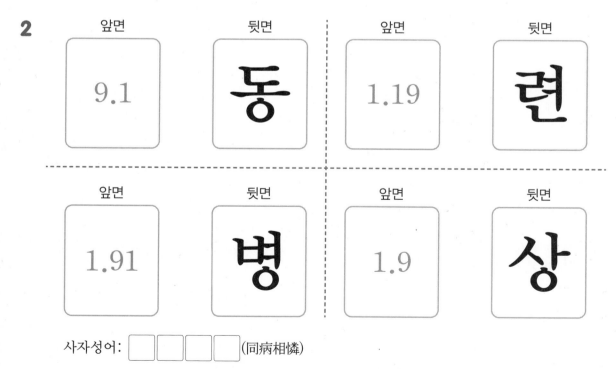

앞면	뒷면	앞면	뒷면
9.1	동	1.19	련
1.91	병	1.9	상

사자성어: ☐☐☐☐ (同病相憐)

뜻: 같은 병자끼리 가엾게 여긴다는 뜻으로 어려운 처지에 있는 사람끼리 서로 동정하
고 돕는다는 뜻으로 사용합니다.

4 소수 한 자리 수의 덧셈

● **받아올림이 없는 소수 한 자리 수의 덧셈**

· 0.3+0.4의 계산

방법 1

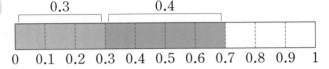

$$0.3 + 0.4 = 0.7$$

방법 2

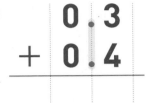 →  →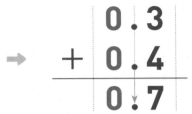

소수점의 자리를 맞추어   자연수의 덧셈과 같은   0을 쓰고 소수점을
씁니다.   방법으로 더합니다.   그대로 내려 찍습니다.

● **받아올림이 있는 소수 한 자리 수의 덧셈**

· 0.7+0.6의 계산

방법 1

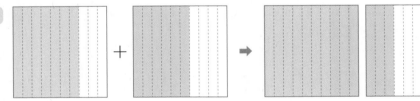

$$0.7 + 0.6 = 1.3$$

방법 2

0.7 → 0.1이 7개
+ 0.6 → 0.1이 6개
1.3 ← 0.1이 13개

방법 3

```
  0.7        1          1
+ 0.6     0.7        0.7
_____   + 0.6      + 0.6
          ____       ____
             3        1.3
```

소수점의 자리를 맞추어   소수 첫째 자리의 합을   받아올림한 1을 쓰고
씁니다.   구합니다.   소수점을 그대로 내려
                                                찍습니다.

● 정답과 풀이 **24**쪽

1 0.2 + 0.6은 얼마인지 알아보세요.

① 전체 크기가 1인 모눈종이에 0.2만큼 빨간색으로 색칠하고, 이어서 0.6만큼 파란색으로 색칠해 보세요.

② 0.2 + 0.6은 얼마일까요?

(   )

모눈종이에 0.2만큼 색칠하고 이어서 0.6만큼 색칠하여 그 결과가 얼마인지 확인해요.

2 수직선을 보고 ☐ 안에 알맞은 수를 써넣으세요.

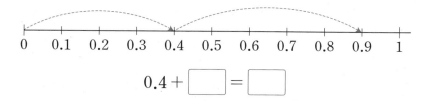

$$0.4 + \boxed{} = \boxed{}$$

덧셈 ➡
뺄셈 ➡

3 ☐ 안에 알맞은 수를 써넣으세요.

①
$$\begin{array}{r} 0.2 \\ + \ 0.5 \\ \hline \end{array}$$
➡ 0.1이 ☐ 개
➡ 0.1이 ☐ 개
☐ ← 0.1이 ☐ 개

②
$$\begin{array}{r} 0.3 \\ + \ 2.8 \\ \hline \end{array}$$
➡ 0.1이 ☐ 개
➡ 0.1이 ☐ 개
☐ ← 0.1이 ☐ 개

4 ☐ 안에 알맞은 수를 써넣으세요.

$$\begin{array}{r} 0\ .\ 5 \\ + \ 1\ .\ 7 \\ \hline \end{array}$$
➡
☐
$$\begin{array}{r} 0\ .\ 5 \\ + \ 1\ .\ 7 \\ \hline \boxed{} \end{array}$$
➡
☐
$$\begin{array}{r} 0\ .\ 5 \\ + \ 1\ .\ 7 \\ \hline \boxed{}\ .\ \boxed{} \end{array}$$

5 ☐ 안에 알맞은 수를 써넣으세요.

①
☐
$$\begin{array}{r} 0\ .\ 3 \\ + \ 0\ .\ 8 \\ \hline \boxed{}\ .\ \boxed{} \end{array}$$

②
☐
$$\begin{array}{r} 4\ .\ 9 \\ + \ 2\ .\ 3 \\ \hline \boxed{}\ .\ \boxed{} \end{array}$$

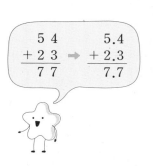
$$\begin{array}{r} 5\ 4 \\ + \ 2\ 3 \\ \hline 7\ 7 \end{array} \Rightarrow \begin{array}{r} 5.4 \\ + \ 2.3 \\ \hline 7.7 \end{array}$$

5 소수 한 자리 수의 뺄셈

● **받아내림이 없는 소수 한 자리 수의 뺄셈**

  · 0.6−0.4의 계산

  방법 1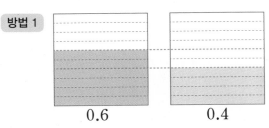

  $$0.6 - 0.4 = 0.2$$

  방법 2

  소수점의 자리를 맞추어 씁니다.

  자연수의 뺄셈과 같은 방법으로 뺍니다.

  0을 쓰고 소수점을 그대로 내려 찍습니다.

● **받아내림이 있는 소수 한 자리 수의 뺄셈**

  · 3.2−1.8의 계산

  방법 1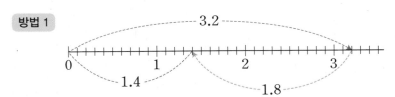

  $$3.2 - 1.8 = 1.4$$

  방법 2

3.2	→	0.1이 32개
− 1.8	→	0.1이 18개
1.4	←	0.1이 14개

  방법 3

  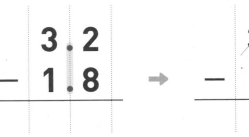
  소수점의 자리를 맞추어 씁니다.

  소수 첫째 자리 계산에 서 받아내림하여 계산 합니다.

  자연수 부분을 계산하고 소수점을 그대로 내려 찍습니다.

정답과 풀이 24쪽

1 수직선을 보고 □ 안에 알맞은 수를 써넣으세요.

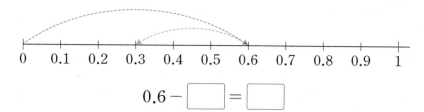

$0.6 - \square = \square$

2 전체 크기가 1인 모눈종이에 색칠된 그림을 보고 □ 안에 알맞은 수를 써넣으세요.

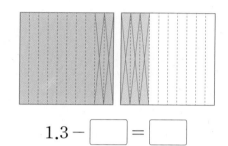

$1.3 - \square = \square$

1.3에서 ×로 지운 부분 만큼 빼요.

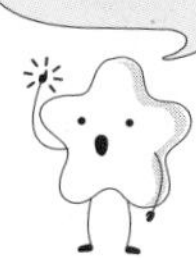

3 □ 안에 알맞은 수를 써넣으세요.

① 0.7 ➡ 0.1이 □개
− 0.4 ➡ 0.1이 □개
□ ⬅ 0.1이 □개

② 5.6 ➡ 0.1이 □개
− 2.9 ➡ 0.1이 □개
□ ⬅ 0.1이 □개

$\frac{1}{10}$이 8개
− $\frac{1}{10}$이 4개
$\frac{1}{10}$이 4개로 생각할 수도 있어요.

4 □ 안에 알맞은 수를 써넣으세요.

	2	. 5
−	0	. 9

➡

	□	□
	2	. 5
−	0	. 9
		□

➡

	□	□
	2	. 5
−	0	. 9
	□	. □

5 □ 안에 알맞은 수를 써넣으세요.

①

	0	. 9
−	0	. 2
	□	. □

②

	□	□
	7	. 4
−	4	. 5
	□	. □

65 − 23 = 42 ➡ 6.5 − 2.3 = 4.2

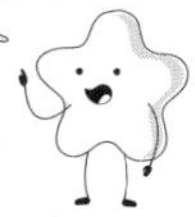

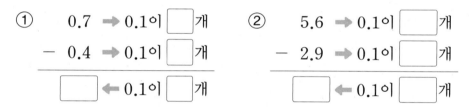

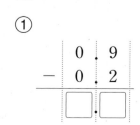

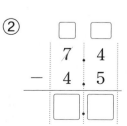

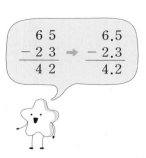

6 소수 두 자리 수의 덧셈

● **받아올림이 없는 소수 두 자리 수의 덧셈**

· 0.13+0.35의 계산

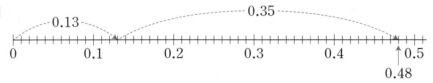

방법 1

$$0.13 + 0.35 = 0.48$$

방법 2

$$\begin{array}{r} 0.1\ 3 \\ +\ 0.3\ 5 \\ \hline 8 \end{array}$$

소수점의 자리를 맞추어 쓰고 소수 둘째 자리의 합을 구합니다.

→

$$\begin{array}{r} 0.1\ 3 \\ +\ 0.3\ 5 \\ \hline 4\ 8 \end{array}$$

소수 첫째 자리의 합을 구합니다.

→

$$\begin{array}{r} 0.1\ 3 \\ +\ 0.3\ 5 \\ \hline 0.4\ 8 \end{array}$$

0을 쓰고 소수점을 그대로 내려 찍습니다.

● **받아올림이 있는 소수 두 자리 수의 덧셈**

· 0.84+0.39의 계산

방법 1

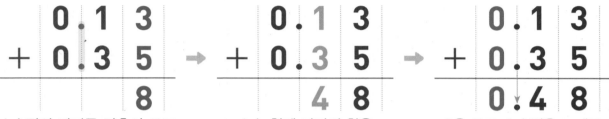

$$0.84 + 0.39 = 1.23$$

방법 2

$$\begin{array}{lll} 0.84 & → & 0.01이\ \ 84개 \\ +\ 0.39 & → & 0.01이\ \ 39개 \\ \hline 1.23 & ← & 0.01이\ 123개 \end{array}$$

방법 3

$$\begin{array}{r} {}^{1}\ \ \ \ \ \\ 0.8\ 4 \\ +\ 0.3\ 9 \\ \hline 3 \end{array}$$

→

$$\begin{array}{r} {}^{1}\ {}^{1}\ \\ 0.8\ 4 \\ +\ 0.3\ 9 \\ \hline 2\ 3 \end{array}$$

→

$$\begin{array}{r} {}^{1}\ {}^{1}\ \\ 0.8\ 4 \\ +\ 0.3\ 9 \\ \hline 1.2\ 3 \end{array}$$

1 0.21 + 0.17은 얼마인지 알아보세요.

① 전체 크기가 1인 모눈종이에 0.21만큼 빨간색으로 색칠하고, 이어서 0.17만큼 파란색으로 색칠해 보세요.

② 0.21 + 0.17은 얼마일까요?

(   )

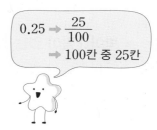

$0.25 \Rightarrow \dfrac{25}{100}$

➡ 100칸 중 25칸

2 수직선을 보고 ☐ 안에 알맞은 수를 써넣으세요.

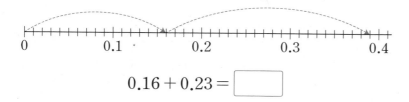

0.16 + 0.23 = ☐

3 ☐ 안에 알맞은 수를 써넣으세요.

①   0.42 ➡ 0.01이 ☐ 개
   +   0.54 ➡ 0.01이 ☐ 개
     ☐ ⬅ 0.01이 ☐ 개

②   2.71 ➡ 0.01이 ☐ 개
   +   5.46 ➡ 0.01이 ☐ 개
     ☐ ⬅ 0.01이 ☐ 개

0.01이 100개 ➡ 1.00
0.01이 101개 ➡ 1.01
0.01이 110개 ➡ 1.10

4 ☐ 안에 알맞은 수를 써넣으세요.

```
      ☐                ☐                ☐
  1 . 5  3        1 . 5  3        1 . 5  3
+ 4 . 8  2   ➡  + 4 . 8  2   ➡  + 4 . 8  2
─────────        ─────────        ─────────
        ☐            ☐  ☐        ☐  ☐  ☐
```

5 ☐ 안에 알맞은 수를 써넣으세요.

①
```
  0 . 7  3
+ 0 . 1  6
─────────
  ☐ . ☐  ☐
```

②
```
      ☐  ☐
  3 . 4  6
+ 4 . 5  9
─────────
  ☐ . ☐  ☐
```

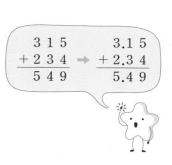

```
   3 1 5            3.1 5
 + 2 3 4    ➡     + 2.3 4
 ───────          ───────
   5 4 9            5.4 9
```

Z 소수 두 자리 수의 뺄셈

● **받아내림이 없는 소수 두 자리 수의 뺄셈**

· 0.58-0.26의 계산

방법 1

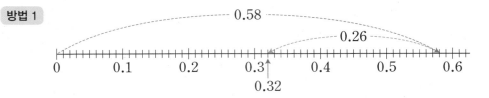

$$0.58 - 0.26 = 0.32$$

방법 2

0 . 5	8
− 0 . 2	6
	2

소수점의 자리를 맞추어 쓰고 소수 둘째 자리의 차를 구합니다.

0 . 5	8
− 0 . 2	6
3	2

소수 첫째 자리의 차를 구합니다.

0 . 5	8
− 0 . 2	6
0 . 3	2

0을 쓰고 소수점을 그대로 내려 찍습니다.

● **받아내림이 있는 소수 두 자리 수의 뺄셈**

· 1.2-0.37의 계산

방법 1

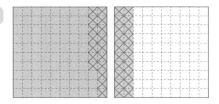

$$1.2 - 0.37 = 0.83$$

방법 2

1.2	→	0.01이 120개
− 0.37	→	0.01이 37개
0.83	←	0.01이 83개

방법 3

	1	10
1 . 2		0
− 0 . 3		7
		3

	0	11	10
1 . 2			0
− 0 . 3			7
		8	3

	0	11	10
1 . 2			0
− 0 . 3			7
0 . 8			3

1.2를 1.20으로 생각하여 뺍니다.

① 0.65 − 0.23은 얼마인지 알아보세요.

① 전체 크기가 1인 모눈종이에 0.65만큼 색칠하고, 색칠한 부분에서 0.23만큼을 ×로 지워 보세요.

② 0.65 − 0.23은 얼마일까요?

(   )

② 수직선을 보고 ☐ 안에 알맞은 수를 써넣으세요.

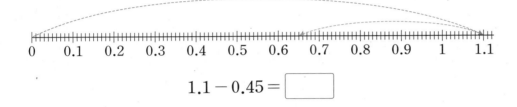

$$1.1 - 0.45 = \boxed{}$$

③ ☐ 안에 알맞은 수를 써넣으세요.

0.01이 몇 개인지 생각하여 계산해요.

①   1.21 ➡ 0.01이 ☐ 개   ②   6.26 ➡ 0.01이 ☐ 개

    − 0.65 ➡ 0.01이 ☐ 개   − 4.7 ➡ 0.01이 ☐ 개

    ☐ ⬅ 0.01이 ☐ 개   ☐ ⬅ 0.01이 ☐ 개

④ ☐ 안에 알맞은 수를 써넣으세요.

소수 오른쪽 끝자리에 0을 붙일 수 있어요.
$$1.3 = 1.30$$

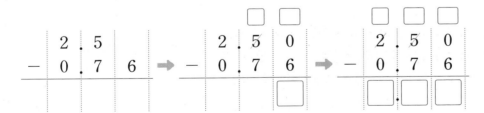

⑤ ☐ 안에 알맞은 수를 써넣으세요.

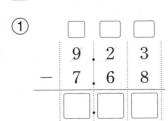

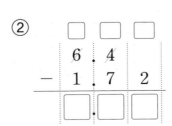

$$\begin{array}{r} 5\,8\,6 \\ -\,2\,3\,1 \\ \hline 3\,5\,5 \end{array} \rightarrow \begin{array}{r} 5.8\,6 \\ -\,2.3\,1 \\ \hline 3.5\,5 \end{array}$$

3. 소수의 덧셈과 뺄셈   81

기본기 강화 문제

12 수직선을 이용한 소수 한 자리 수의 덧셈

• 수직선을 보고 ☐ 안에 알맞은 수를 써넣으세요.

1

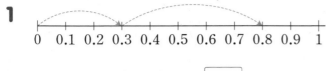

$$0.3 + 0.5 = \boxed{}$$

2

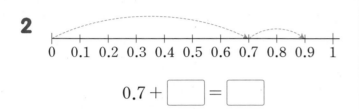

$$0.7 + \boxed{} = \boxed{}$$

3

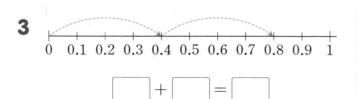

$$\boxed{} + \boxed{} = \boxed{}$$

4

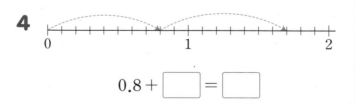

$$0.8 + \boxed{} = \boxed{}$$

5

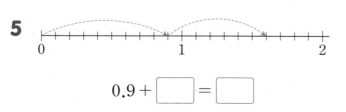

$$0.9 + \boxed{} = \boxed{}$$

13 소수를 분해하여 더하기

• 보기 와 같이 소수를 자연수와 소수 부분으로 나누어서 계산하려고 합니다. ☐ 안에 알맞은 수를 써넣으세요.

> **보기**
> $$23.5 = 23 + 0.5$$
> $$+ \ 31.4 = 31 + 0.4$$
> $$\overline{54.9 \ \leftarrow 54 + 0.9}$$

1
$$6.2 = 6 + \boxed{}$$
$$+ \ 1.6 = \boxed{} + 0.6$$
$$\boxed{} \leftarrow \boxed{} + \boxed{}$$

2
$$5.7 = 5 + \boxed{}$$
$$+ \ 2.2 = \boxed{} + \boxed{}$$
$$\boxed{} \leftarrow \boxed{} + \boxed{}$$

3
$$4.3 = \boxed{} + \boxed{}$$
$$+ \ 2.1 = \boxed{} + \boxed{}$$
$$\boxed{} \leftarrow \boxed{} + \boxed{}$$

4
$$16.3 = \boxed{} + \boxed{}$$
$$+ \ 82.4 = \boxed{} + \boxed{}$$
$$\boxed{} \leftarrow \boxed{} + \boxed{}$$

5
$$15.4 = \boxed{} + \boxed{}$$
$$+ \ 6.5 = \boxed{} + \boxed{}$$
$$\boxed{} \leftarrow \boxed{} + \boxed{}$$

14 소수 한 자리 수의 덧셈 연습

● 계산해 보세요.

1　　0.2
　　+ 0.7

2　　0.5
　　+ 0.1

3　　0.7
　　+ 0.4

4　　0.8
　　+ 0.8

5　　2.6
　　+ 5.2

6　　3.2
　　+ 6.3

7　　0.9
　　+ 8.4

8　　6.6
　　+ 1.5

9　　2.4
　　+ 0.9

10　　1.7
　　+ 1 2.8

11　　4 3.9
　　+ 2 4.6

12　　1 3.8
　　+ 　 4.4

15 수직선을 이용한 소수 한 자리 수의 뺄셈

● 수직선을 보고 ☐ 안에 알맞은 수를 써넣으세요.

1
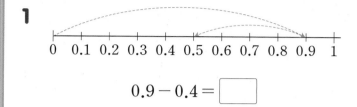

$$0.9 - 0.4 = \boxed{}$$

2
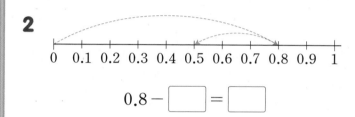

$$0.8 - \boxed{} = \boxed{}$$

3
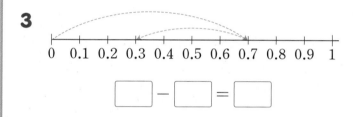

$$\boxed{} - \boxed{} = \boxed{}$$

4
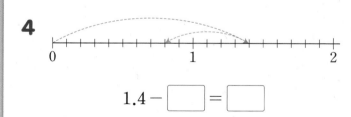

$$1.4 - \boxed{} = \boxed{}$$

5
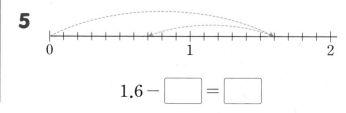

$$1.6 - \boxed{} = \boxed{}$$

16 0.1이 몇 개인 수의 뺄셈

• ☐ 안에 알맞은 수를 써넣으세요.

1
$$0.6 \Rightarrow 0.1이 \boxed{} 개$$
$$- \ 0.2 \Rightarrow 0.1이 \boxed{} 개$$
$$\boxed{} \Leftarrow 0.1이 \boxed{} 개$$

2
$$0.8 \Rightarrow 0.1이 \boxed{} 개$$
$$- \ 0.4 \Rightarrow 0.1이 \boxed{} 개$$
$$\boxed{} \Leftarrow 0.1이 \boxed{} 개$$

3
$$1.7 \Rightarrow 0.1이 \boxed{} 개$$
$$- \ 0.9 \Rightarrow 0.1이 \boxed{} 개$$
$$\boxed{} \Leftarrow 0.1이 \boxed{} 개$$

4
$$3.6 \Rightarrow 0.1이 \boxed{} 개$$
$$- \ 1.8 \Rightarrow 0.1이 \boxed{} 개$$
$$\boxed{} \Leftarrow 0.1이 \boxed{} 개$$

5
$$4.2 \Rightarrow 0.1이 \boxed{} 개$$
$$- \ 3.6 \Rightarrow 0.1이 \boxed{} 개$$
$$\boxed{} \Leftarrow 0.1이 \boxed{} 개$$

6
$$31.5 \Rightarrow 0.1이 \boxed{} 개$$
$$- \ 13.4 \Rightarrow 0.1이 \boxed{} 개$$
$$\boxed{} \Leftarrow 0.1이 \boxed{} 개$$

17 소수 한 자리 수의 뺄셈 연습

• 계산해 보세요.

1
$$\begin{array}{r} 0.7 \\ - \ 0.4 \\ \hline \end{array}$$

2
$$\begin{array}{r} 0.9 \\ - \ 0.8 \\ \hline \end{array}$$

3
$$\begin{array}{r} 2.7 \\ - \ 1.6 \\ \hline \end{array}$$

4
$$\begin{array}{r} 1.4 \\ - \ 0.9 \\ \hline \end{array}$$

5
$$\begin{array}{r} 5.8 \\ - \ 3.9 \\ \hline \end{array}$$

6
$$\begin{array}{r} 7.3 \\ - \ 2.7 \\ \hline \end{array}$$

7
$$\begin{array}{r} 6.3 \\ - \ 3.4 \\ \hline \end{array}$$

8
$$\begin{array}{r} 8.6 \\ - \ 4.8 \\ \hline \end{array}$$

9
$$\begin{array}{r} 5.2 \\ - \ 2.8 \\ \hline \end{array}$$

10
$$\begin{array}{r} 9.1 \\ - \ 6.7 \\ \hline \end{array}$$

11
$$\begin{array}{r} 3 \ 2.3 \\ - \ 1 \ 4.7 \\ \hline \end{array}$$

12
$$\begin{array}{r} 2 \ 3.4 \\ - \quad 9.6 \\ \hline \end{array}$$

➔ 정답과 풀이 **26**쪽

⑱ 0.01이 몇 개인 수의 덧셈

• ☐ 안에 알맞은 수를 써넣으세요.

1
0.24 ➡ 0.01이 ☐ 개
+ 0.13 ➡ 0.01이 ☐ 개
☐ ⬅ 0.01이 ☐ 개

2
0.47 ➡ 0.01이 ☐ 개
+ 0.39 ➡ 0.01이 ☐ 개
☐ ⬅ 0.01이 ☐ 개

3
4.57 ➡ 0.01이 ☐ 개
+ 2.16 ➡ 0.01이 ☐ 개
☐ ⬅ 0.01이 ☐ 개

4
21.09 ➡ 0.01이 ☐ 개
+ 8.92 ➡ 0.01이 ☐ 개
☐ ⬅ 0.01이 ☐ 개

5
1.65 ➡ 0.01이 ☐ 개
+ 2.9 ➡ 0.01이 ☐ 개
☐ ⬅ 0.01이 ☐ 개

6
3.6 ➡ 0.01이 ☐ 개
+ 2.74 ➡ 0.01이 ☐ 개
☐ ⬅ 0.01이 ☐ 개

⑲ 세로셈으로 나타내어 더하기

• 소수점의 자리를 맞추어 세로셈으로 나타내어 계산해 보세요.

1 0.47 + 0.12 ➡

2 0.73 + 0.56 ➡

3 0.68 + 0.98 ➡

4 1.85 + 0.32 ➡

5 5.94 + 6.38 ➡

6 3.56 + 2.7 ➡

20 여러 가지 수 더하기

• 빈칸에 알맞은 수를 써넣으세요.

1

+	1.42	2.42	3.42
0.35			

2

+	3.61	3.71	3.81
2.53			

3

+	7.27	7.28	7.29
2.94			

4

+	4.27	3.27	2.27
1.42			

5

+	1.88	1.78	1.68
3.17			

6

+	4.59	4.58	4.57
4.26			

21 0.01이 몇 개인 수의 뺄셈

• ☐ 안에 알맞은 수를 써넣으세요.

1

$$
\begin{array}{r}
0.59 \rightarrow 0.01이 \ \boxed{} \ 개 \\
- \ 0.47 \rightarrow 0.01이 \ \boxed{} \ 개 \\
\hline
\boxed{} \leftarrow 0.01이 \ \boxed{} \ 개
\end{array}
$$

2

$$
\begin{array}{r}
0.83 \rightarrow 0.01이 \ \boxed{} \ 개 \\
- \ 0.61 \rightarrow 0.01이 \ \boxed{} \ 개 \\
\hline
\boxed{} \leftarrow 0.01이 \ \boxed{} \ 개
\end{array}
$$

3

$$
\begin{array}{r}
5.06 \rightarrow 0.01이 \ \boxed{} \ 개 \\
- \ 3.19 \rightarrow 0.01이 \ \boxed{} \ 개 \\
\hline
\boxed{} \leftarrow 0.01이 \ \boxed{} \ 개
\end{array}
$$

4

$$
\begin{array}{r}
13.31 \rightarrow 0.01이 \ \boxed{} \ 개 \\
- \ 4.77 \rightarrow 0.01이 \ \boxed{} \ 개 \\
\hline
\boxed{} \leftarrow 0.01이 \ \boxed{} \ 개
\end{array}
$$

5

$$
\begin{array}{r}
2.75 \rightarrow 0.01이 \ \boxed{} \ 개 \\
- \ 1.6 \rightarrow 0.01이 \ \boxed{} \ 개 \\
\hline
\boxed{} \leftarrow 0.01이 \ \boxed{} \ 개
\end{array}
$$

6

$$
\begin{array}{r}
8.2 \rightarrow 0.01이 \ \boxed{} \ 개 \\
- \ 5.21 \rightarrow 0.01이 \ \boxed{} \ 개 \\
\hline
\boxed{} \leftarrow 0.01이 \ \boxed{} \ 개
\end{array}
$$

22 세로셈으로 나타내어 빼기

● 소수점의 자리를 맞추어 세로셈으로 나타내어 계산해 보세요.

1 0.94 − 0.63 ➡

2 0.72 − 0.34 ➡

3 1.46 − 0.29 ➡

4 4.64 − 1.27 ➡

5 9.52 − 3.58 ➡

6 8.4 − 4.77 ➡

23 여러 가지 수 빼기

● 빈칸에 알맞은 수를 써넣으세요.

1

−	1.22	1.32	1.42
3.86			

2

−	2.97	2.87	2.77
5.73			

3

−	6.25	6.26	6.27
8.22			

4

−	3.16	3.15	3.14
7.35			

5

−	1.24	1.25	1.26
4.01			

6

−	4.59	4.58	4.57
6.1			

24 두 수의 합과 차 구하기

• 두 수의 합과 차를 구해 보세요.

1
0.1이 38개인 수
0.1이 13개인 수

합 (   ), 차 (   )

2
0.1이 23개인 수
0.1이 6개인 수

합 (   ), 차 (   )

3
0.1이 59개인 수
0.1이 25개인 수

합 (   ), 차 (   )

4
0.1이 71개인 수
0.1이 4개인 수

합 (   ), 차 (   )

5
0.1이 33개인 수
0.1이 7개인 수

합 (   ), 차 (   )

25 계산 결과 비교하기

• 계산 결과를 비교하여 ◯ 안에 >, =, <를 알맞게 써넣으세요.

1 $4.8 + 2.6$ ◯ $3.6 + 3.5$

2 $7.9 - 1.4$ ◯ $15.3 - 9.5$

3 $4.53 + 2.79$ ◯ $2.56 + 5.82$

4 $13.65 + 6.8$ ◯ $8.82 + 9.54$

5 $9.22 - 4.37$ ◯ $7.64 - 2.38$

6 $15.6 - 9.69$ ◯ $8.11 - 2.7$

7 $3.47 + 3.24$ ◯ $8.03 - 1.26$

8 $2.7 + 3.92$ ◯ $10.4 - 4.61$

26 달리는 순서 알아보기

● 세 사람의 대화를 읽고 □ 안에 알맞은 이름을 써넣으세요.

1

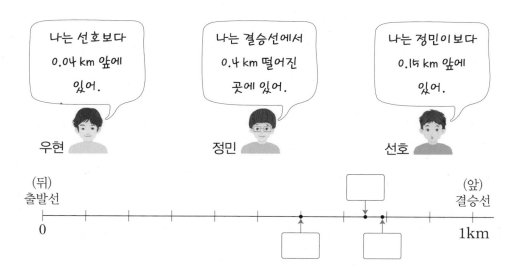

나는 결승선에서
0.24 km 떨어진
곳에 있어.

민지

나는 민지보다
0.05 km 뒤에
있어.

하람

나는 출발선에서
0.75 km 떨어진
곳에 있어.

성우

(뒤)
출발선

(앞)
결승선

0

1km

2

나는 선호보다
0.04 km 앞에
있어.

우현

나는 결승선에서
0.4 km 떨어진
곳에 있어.

정민

나는 정민이보다
0.15 km 앞에
있어.

선호

(뒤)
출발선

(앞)
결승선

0

1km

27 □ 안에 알맞은 수 구하기

• □ 안에 알맞은 수를 써넣으세요.

1
```
    1 . 3 □
  + 6 . □ 4
  ─────────
    8 . 0 7
```

2
```
    4 . □ 7
  + 2 . 9 □
  ─────────
    □ . 3 2
```

3
```
    □ . 9 4
  + 5 . □ 7
  ─────────
  1 2 . 1 □
```

4
```
    6 . 3 4
  - 4 . □ □
  ─────────
    □ . 2 5
```

5
```
    □ . 4 □
  - 2 . 8 5
  ─────────
    2 . □ 1
```

6
```
    □ . 5 □
  - 3 . □ 4
  ─────────
    2 . 8 3
```

28 카드로 만든 소수의 합과 차 구하기

• 카드를 한 번씩 모두 사용하여 만들 수 있는 소수 두 자리 수 중에서 가장 큰 수와 가장 작은 수의 합과 차를 구해 보세요.

1 | 2 | 3 | 9 | . |

합 (   )
차 (   )

2 | 1 | 5 | 8 | . |

합 (   )
차 (   )

3 | 3 | 6 | 9 | . |

합 (   )
차 (   )

4 | 2 | 4 | 7 | . |

합 (   )
차 (   )

5 | 1 | 5 | 9 | . |

합 (   )
차 (   )

단원 평가

점수   확인

1 모눈종이 전체 크기가 1이라고 할 때 색칠한 부분의 크기를 소수로 나타내고 소수를 읽어 보세요.

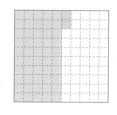

쓰기 (   )

읽기 (   )

2 ☐ 안에 알맞은 소수를 써넣으세요.

3 금반지의 무게를 각각 저울로 재어 보았습니다. 금반지의 무게를 나타내는 수 중에서 숫자 5가 나타내는 수가 가장 큰 수는 어느 것일까요?

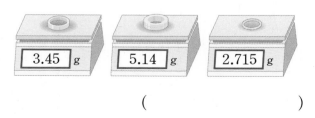

(   )

4 소수 둘째 자리 숫자가 가장 큰 수는 어느 것일까요? (   )

① 0.35   ② 5.802   ③ 3.971

④ 0.49   ⑤ 4.168

5 크기가 다른 소수를 찾아 기호를 써 보세요.

㉠ 6.520   ㉡ 6.52   ㉢ 6.502

(   )

6 ☐ 안에 알맞은 수를 써넣으세요.

(1) 6은 0.6의 ☐ 배입니다.

(2) 0.704는 70.4의 ☐ 입니다.

7 ㉠이 나타내는 수는 ㉡이 나타내는 수의 몇 배일까요?

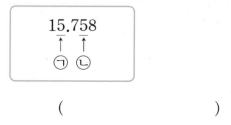

(   )

8 크기가 큰 수부터 차례대로 써 보세요.

| 9.506 | 9.68 | 9.632 |

(   )

9 설명하는 수를 구해 보세요.

2.1보다 0.6 큰 수

(   )

10 두 수의 합을 구해 보세요.

0.1이 3개인 수
0.1이 9개인 수

(   )

11 ☐ 안에 알맞은 수를 써넣으세요.

$$0.32 \rightarrow 0.01이 \boxed{} 개$$
$$+\ 0.59 \rightarrow 0.01이 \boxed{} 개$$
$$\boxed{} \leftarrow 0.01이 \boxed{} 개$$

12 소수점의 자리를 맞추어 세로셈으로 나타내고 계산해 보세요.

$0.58+0.8 \Rightarrow$

13 성진이와 아버지는 과수원에서 사과를 땄습니다. 성진이는 사과를 7.25 kg 땄고, 아버지는 성진이보다 3.87 kg 더 많이 땄습니다. 아버지가 딴 사과는 몇 kg인지 식을 쓰고 답을 구해 보세요.

식 _____

답 _____

14 계산해 보세요.

(1) $\begin{array}{r} 5.83 \\ +\ 1.92 \\ \hline \end{array}$ (2) $\begin{array}{r} 7.66 \\ -\ 4.87 \\ \hline \end{array}$

15 계산이 <u>잘못된</u> 곳을 찾아 바르게 계산해 보세요.

$\begin{array}{r} 6.41 \\ -\ 2.7 \\ \hline 6.14 \end{array} \Rightarrow$

16 계산 결과의 크기를 비교하여 ○ 안에 >, =, <를 알맞게 써넣으세요.

$$7.34 + 7.8 \bigcirc 20.19 - 4.98$$

17 □ 안에 알맞은 수를 써넣으세요.

$$
\begin{array}{r}
7\,.\,6\,\boxed{} \\
-\ 5\,.\,\boxed{}\,8 \\
\hline
\boxed{}\,.\,9\ 3
\end{array}
$$

18 카드를 한 번씩 모두 사용하여 만들 수 있는 소수 두 자리 수 중에서 가장 큰 수와 가장 작은 수의 차를 구해 보세요.

$$\boxed{3}\ \boxed{8}\ \boxed{5}\ \boxed{.}$$

( )

19 맛소금 100봉지는 몇 kg인지 **보기** 와 같이 풀이 과정을 쓰고 답을 구해 보세요.

보기

소수를 10배 하면 소수점을 기준으로 수가 왼쪽으로 한 자리 이동합니다.

따라서 맛소금 10봉지는 17.5 kg입니다.

답   17.5 kg

소수를 100배 하면

답

20 두 철근의 길이의 차는 몇 m인지 **보기** 와 같이 풀이 과정을 쓰고 답을 구해 보세요.

4.8 m
6.42 m

보기

두 철근의 길이의 합은

(짧은 철근의 길이)+(긴 철근의 길이)

=4.8+6.42=11.22 (m)입니다.

답   11.22 m

두 철근의 길이의 차는

답

3

4 사각형

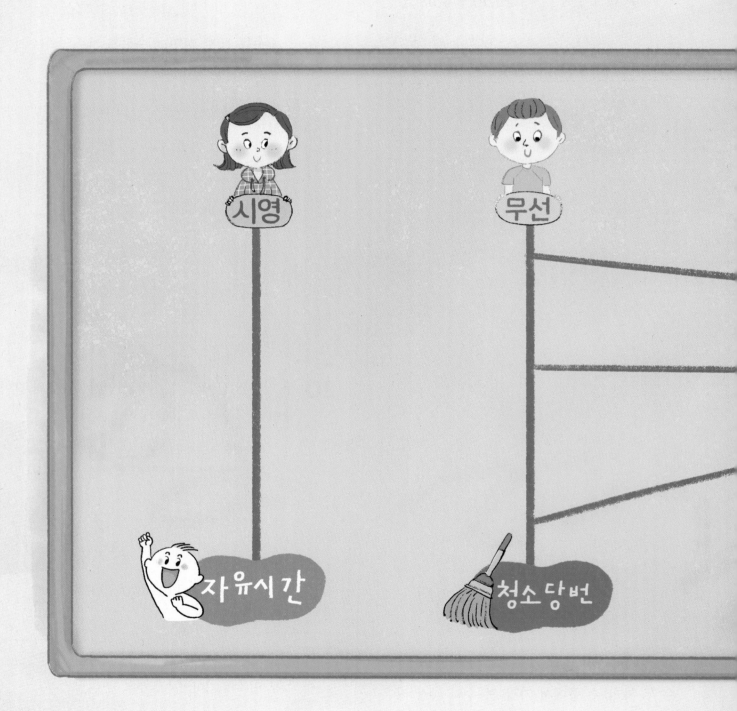

시영, 무선, 수애, 천택이는 청소 당번을 정하기 위해 사다리 타기 게임을 하려고 해요.
자유롭게 곧은 선을 그어 사다리를 완성하고 청소 당번을 정해 보세요.

오늘 청소 당번은

[   ](이)와 [   ](이)구나!

1 수직을 알고 수선 긋기

● **수직과 수선**

• 두 직선이 만나서 이루는 각이 직각일 때, 두 직선은 서로 **수직**이라고 합니다.

• 두 직선이 서로 수직으로 만나면 한 직선을 다른 직선에 대한 **수선**이라고 합니다.

└→ 수직인 직선

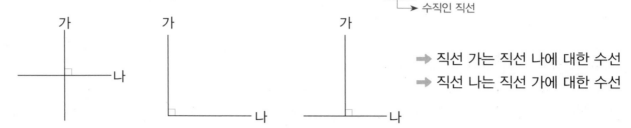

➡ 직선 가는 직선 나에 대한 수선

➡ 직선 나는 직선 가에 대한 수선

● **수선 긋기**

방법 1 삼각자를 이용하여 주어진 직선에 대한 수선 긋기

삼각자에서 직각을 낀 변 중 한 변을 주어진 직선에 맞춥니다.

삼각자의 직각을 낀 다른 한 변을 따라 선을 긋습니다.

방법 2 각도기를 이용하여 주어진 직선에 대한 수선 긋기

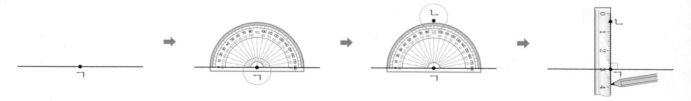

주어진 직선 위에 점 ㄱ을 찍습니다.

각도기의 중심을 점 ㄱ에 맞추고 각도기의 밑금을 주어진 직선과 일치하도록 맞춥니다.

각도기에서 90°가 되는 눈금 위에 점 ㄴ을 찍습니다.

점 ㄱ과 점 ㄴ을 직선으로 잇습니다.

개념 자세히 보기

● **주어진 직선에 그을 수 있는 수선의 개수는 상황에 따라 달라요!**

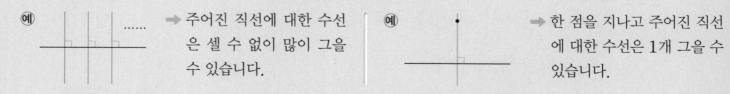

(예) ➡ 주어진 직선에 대한 수선은 셀 수 없이 많이 그을 수 있습니다.

(예) ➡ 한 점을 지나고 주어진 직선에 대한 수선은 1개 그을 수 있습니다.

정답과 풀이 31쪽

1 그림을 보고 ☐ 안에 알맞은 말을 써넣으세요.

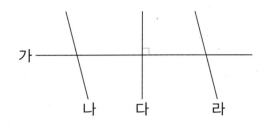

① 직선 가에 수직인 직선은 직선 ☐ 입니다.

② 직선 가에 대한 ☐ 은 직선 다입니다.

두 직선이 서로 수직일 때 한 직선을 다른 직선에 대한 수선이라고 해요.

2 두 직선이 만나서 이루는 각이 직각인 곳을 모두 찾아 ☐ 로 표시해 보세요.

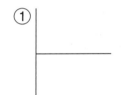 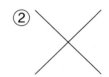 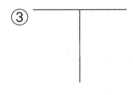

4

3 삼각자를 따라 주어진 직선에 대한 수선을 그어 보세요.

 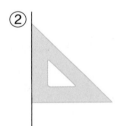

4 각도기를 이용하여 직선 가에 대한 수선을 그으려고 합니다. 점 ㄱ과 직선으로 이어야 하는 점은 어느 것일까요? ( )

수선은 수직으로 만나는 두 직선이므로 90°로 만나야 해요.

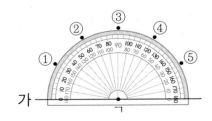

2 평행을 알고 평행선 긋기

● 평행과 평행선

• 한 직선에 수직인 두 직선을 그었을 때, 그 두 직선은 서로 만나지 않습니다.
  이와 같이 서로 만나지 않는 두 직선을 **평행**하다고 합니다.
• 평행한 두 직선을 **평행선**이라고 합니다.

● 평행선 긋기

• 삼각자를 이용하여 주어진 직선과 평행한 직선 긋기

고정 ←

그림과 같이 삼각자
2개를 놓습니다.

한 삼각자를 고정하고 다른
삼각자를 움직여 주어진 직선
과 평행한 직선을 긋습니다.

• 삼각자를 이용하여 점 ㄱ을 지나고 주어진 직선과 평행한 직선 긋기

고정 →

직각을 낀 변 ←
직각을 낀
다른 한 변 ←

삼각자의 **한 변**을 직선에
맞추고 **다른 한 변**이 점 ㄱ
을 지나도록 놓습니다.

다른 삼각자를 이용하여 점 ㄱ
을 지나고 주어진 직선과 평행
한 직선을 긋습니다.

개념 다르게 **보기**

● **두 직선을 세 가지 경우로 그을 수 있어요!**

→ 평행한 경우를 제외하고 모두 한 점에서 만납니다.

• 수직인 경우   • 평행한 경우   • 수직도 아니고 평행하지도 않은 경우

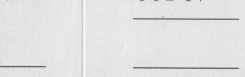

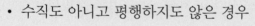

1 그림을 보고 ☐ 안에 알맞은 말을 써넣으세요.

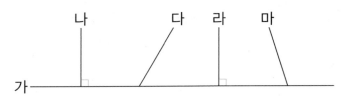

① 직선 가에 수직인 직선은 직선 ☐ 와 직선 ☐ 이고 이 두 직선은 서로 만나지 않습니다.

② 서로 만나지 않는 두 직선을 ☐ 하다고 합니다.

이때 평행한 두 직선을 ☐ 이라고 합니다.

두 직선에 공통으로 수선을 그을 수 있으면 두 직선은 평행해요.

2 평행선을 찾아 기호를 써 보세요.

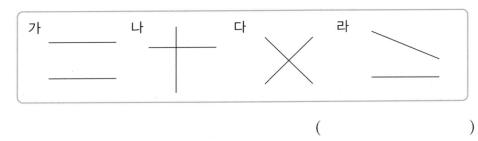

( )

만나지 않으면 연장해 봐요.

3 삼각자를 이용하여 평행선을 바르게 그은 것에 ○표 하세요.

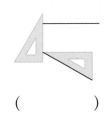   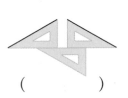
( ) ( ) ( ) ( )

삼각자의 직각 부분을 이용하여 그어요.

4 삼각자를 이용하여 주어진 직선과 평행한 직선을 그어 보세요.

① 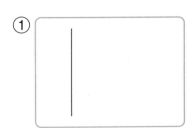 ②

삼각자 2개를 이용하여 주어진 직선과 평행한 직선을 그어요.

3 평행선 사이의 거리 알아보기

● **평행선 사이의 거리**

평행선 사이의 거리: 평행선의 한 직선에서 다른 직선에 수직인 선분을 그었을 때 이 수직인 선분의 길이

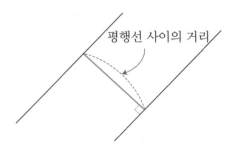

● **평행선 사이의 거리의 성질**

• 평행선 위의 두 점을 잇는 선분 중에서 평행선 사이의 거리가 가장 짧습니다.
• 평행선 사이의 거리는 어디에서 재어도 모두 같습니다.

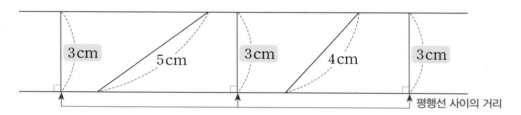

● **평행선 사이의 거리 재기**

평행선의 한 직선에서 다른 직선에 수선을 긋고 수선의 길이를 재어 봅니다.

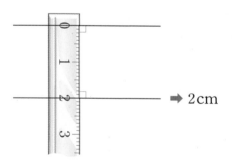 ➡ 2 cm

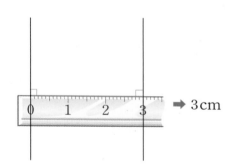 ➡ 3 cm

개념 자세히 보기

● **평행선 사이의 거리를 잴 때에는 자의 눈금과 평행선이 겹치도록 놓아야 해요!**

(예)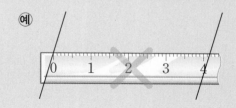

(예)

정답과 풀이 32쪽

1 직선 가와 직선 나는 서로 평행합니다. □ 안에 알맞게 써넣으세요.

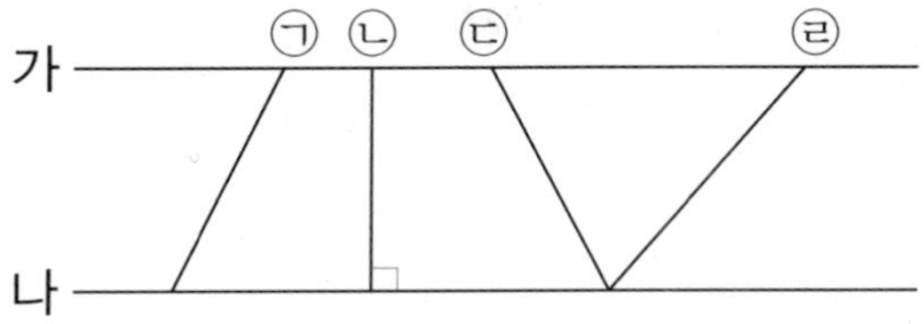
가
나
㉠
㉡
㉢
㉣

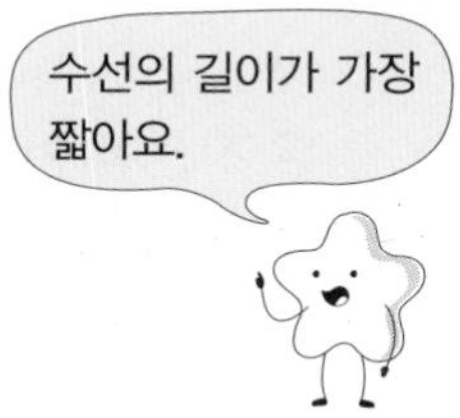
수선의 길이가 가장 짧아요.

① 직선 가와 직선 나 위에 있는 두 점을 이은 선분 중 길이가 가장 짧은 선분은 선분 □ 입니다.

② 선분 ㉡과 같이 평행선 사이의 수선의 길이를 □ 라고 합니다.

2 평행선 사이의 거리를 나타내는 선분은 어느 것일까요? (　　　　)

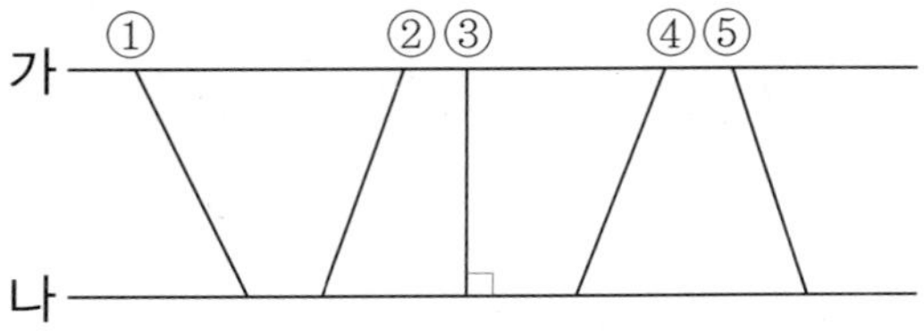
가
나
①
②
③
④
⑤

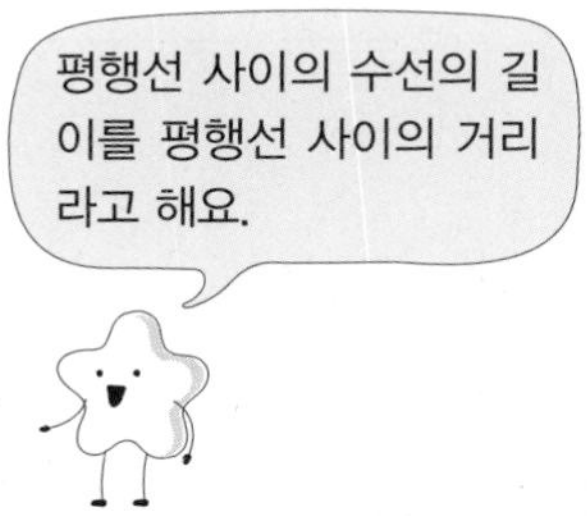
평행선 사이의 수선의 길이를 평행선 사이의 거리라고 해요.

3 직선 가와 직선 나는 서로 평행합니다. 평행선 사이의 거리를 구해 보세요.

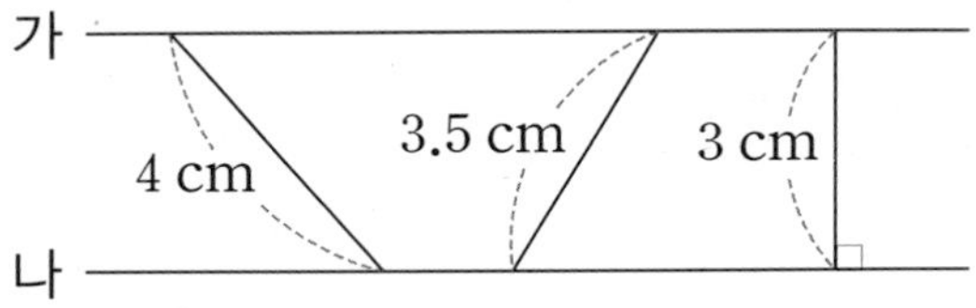
가
나
4 cm
3.5 cm
3 cm

(　　　　　　　　)

4 평행선 사이의 거리를 재어 보세요.

① 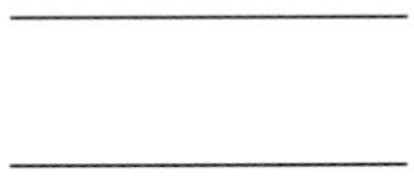

② 

(　　　　　　　　)　(　　　　　　　　)

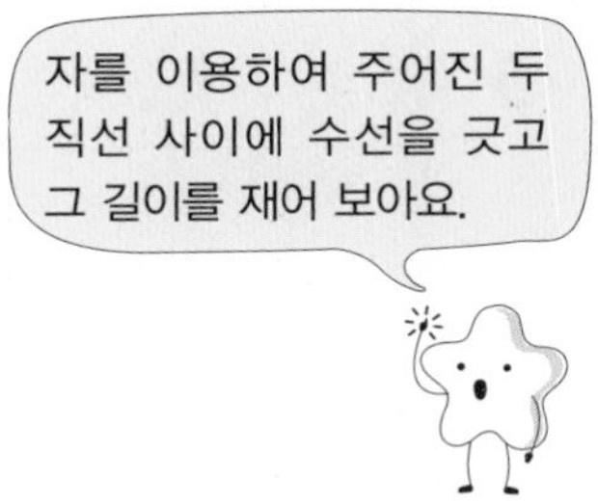
자를 이용하여 주어진 두 직선 사이에 수선을 긋고 그 길이를 재어 보아요.

4

기본기 강화 문제

① 두 직선이 직각으로 만나는 곳 찾기

• 두 직선이 만나서 이루는 각이 직각인 곳을 모두 찾아 └ 로 표시해 보세요.

1

2

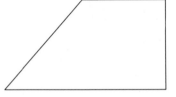

3

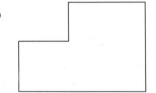

4

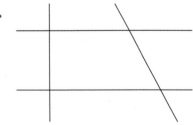

5

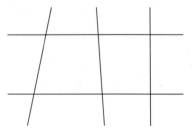

② 수선 찾기

• 직선 가에 대한 수선을 써 보세요.

1

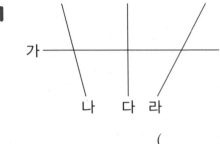

(   )

2

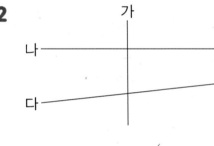

(   )

3

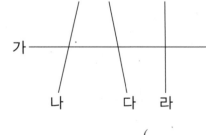

(   )

4

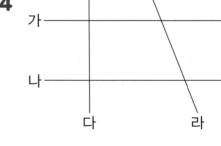

(   )

3 수직인 직선의 수 구하기

● 서로 수직인 직선은 몇 쌍인지 구해 보세요.

1

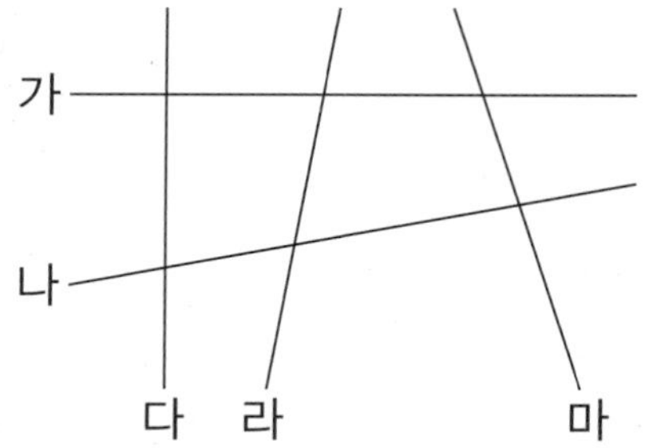

가 ─────
나 ─────
다 라 마

( )

2

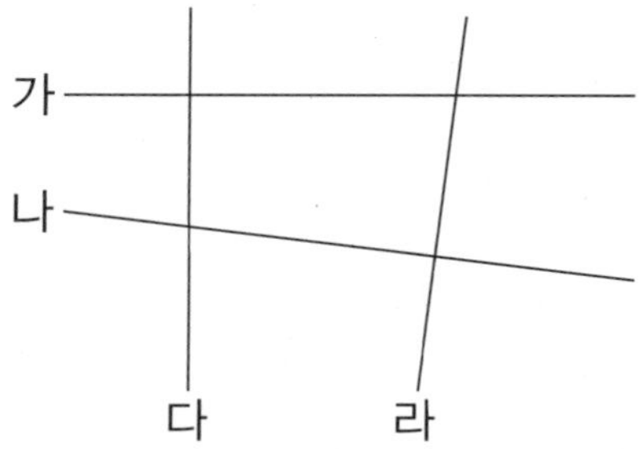

가 ─────
나 ─────
다 라

( )

3

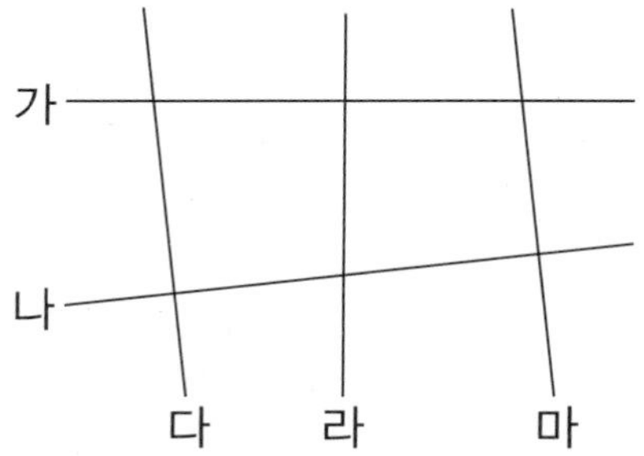

가 ─────
나 ─────
다 라 마

( )

4

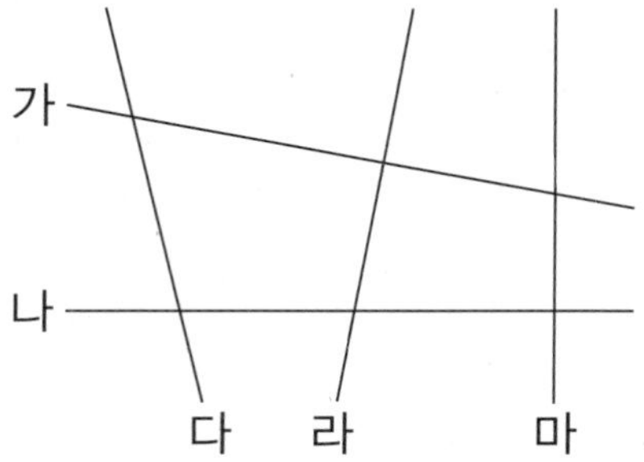

가 ─────
나 ─────
다 라 마

( )

4 도형에서 수직인 변 찾기

● 서로 수직인 변이 있는 도형을 모두 찾아 기호를 써 보세요.

1

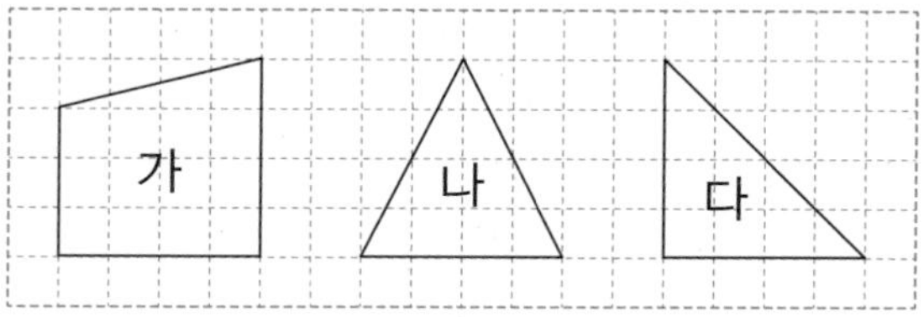

가 나 다

( )

2

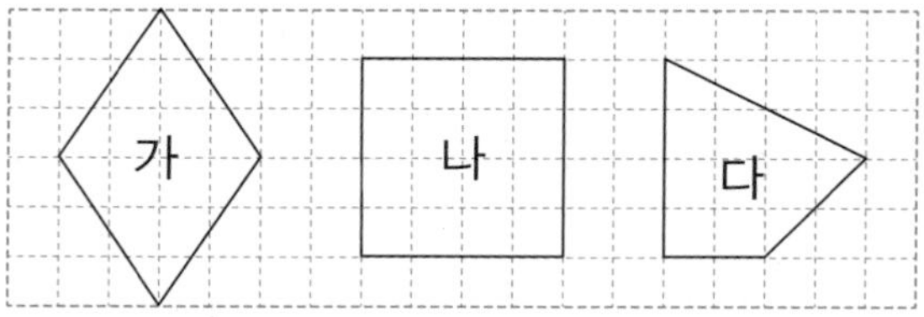

가 나 다

( )

3

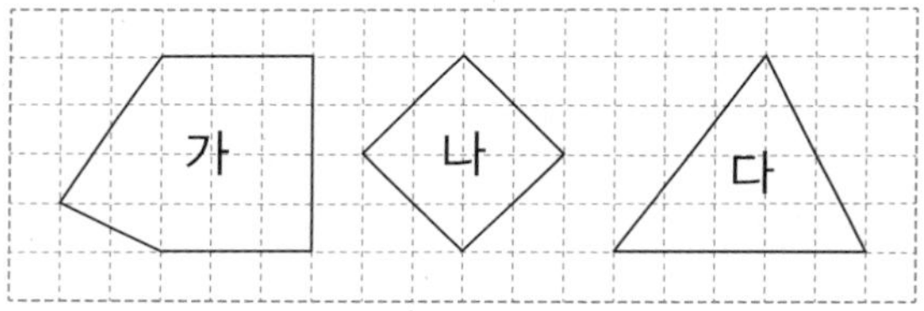

가 나 다

( )

4

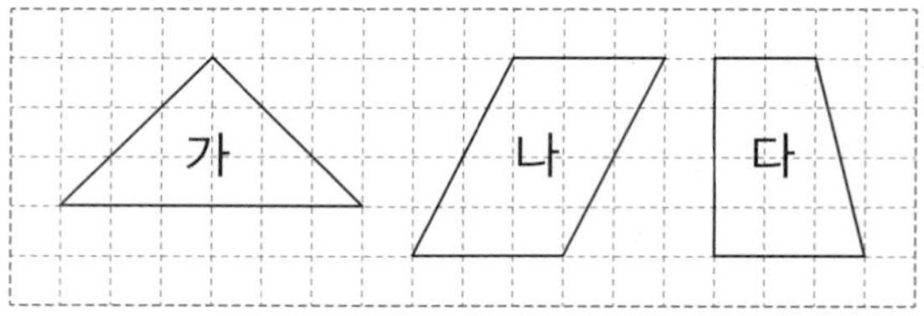

가 나 다

( )

5

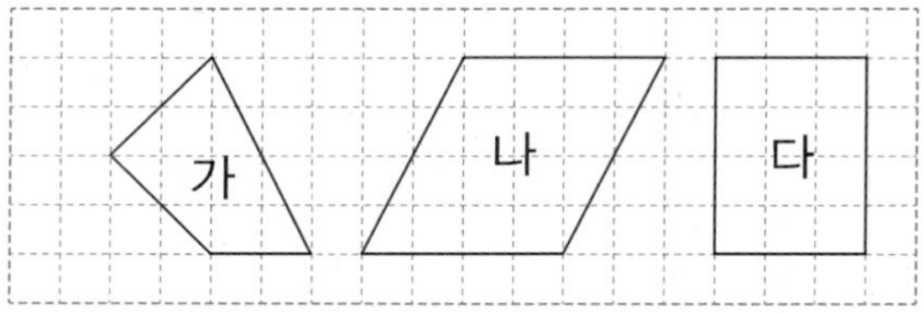

가 나 다

( )

⑤ 수선 긋기

● 직선 가에 대한 수선을 그어 보세요.

1
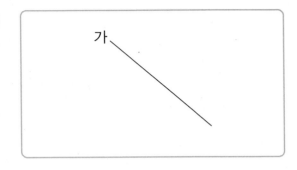

2
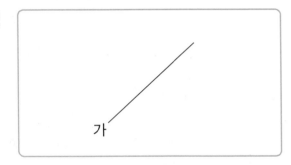

3
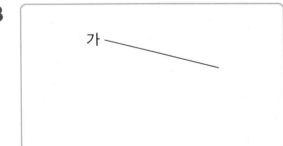

4
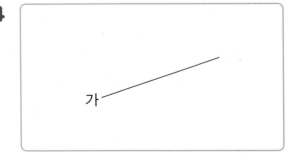

⑥ 한 점을 지나는 수선 긋기

● 점 ㄱ을 지나고 직선 가에 대한 수선을 그어 보세요.

1
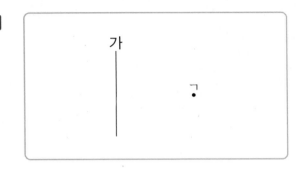

2
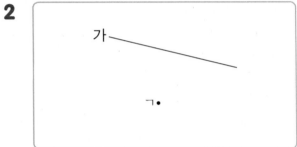

3
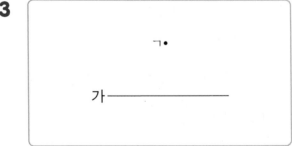

4
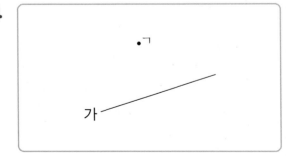

7 수직을 이용하여 각도 구하기

● 직선 나와 직선 다는 서로 수직입니다. ☐ 안에 알맞은 수를 써넣으세요.

1
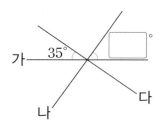

2
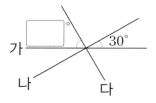

3
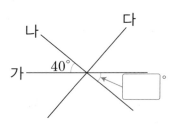

4
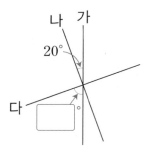

5
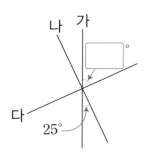

8 평행선 찾기

● 평행선은 모두 몇 쌍인지 구해 보세요.

1
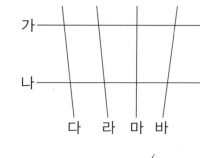

( )

2
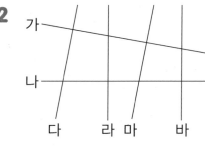

( )

3
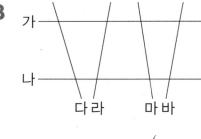

( )

4
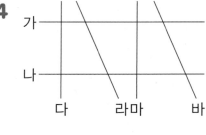

( )

9 도형에서 평행한 변 찾기

● 도형에서 서로 평행한 변을 모두 찾아 써 보세요.

1

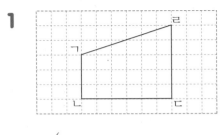

( )

2

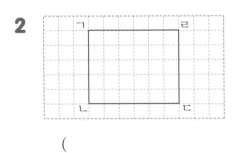

( )

3

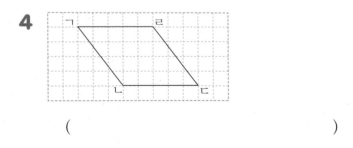

( )

4

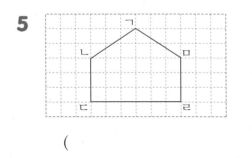

( )

5

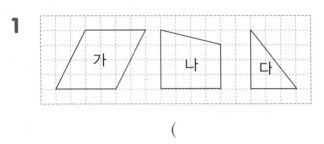

( )

10 수선과 평행선이 있는 도형 찾기

● 수선과 평행선이 모두 있는 도형을 찾아 기호를 써 보세요.

1

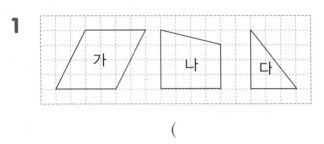

( )

2

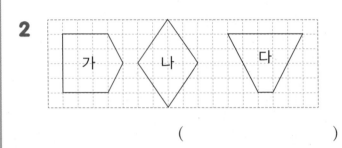

( )

3

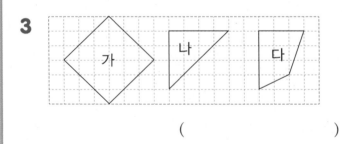

( )

4

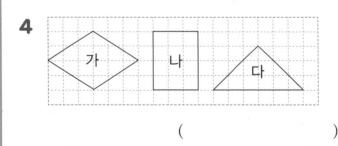

( )

5

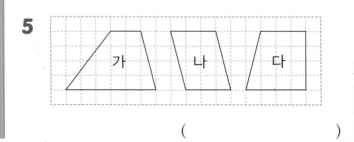

( )

11 꿀벌 집 찾기

● 문제에서 ○ 안에 알맞은 답을 찾아 길을 따라 가면 꿀벌의 집을 찾을 수 있다고 합니다. 꿀벌의 집을 찾아 ○표 하세요.

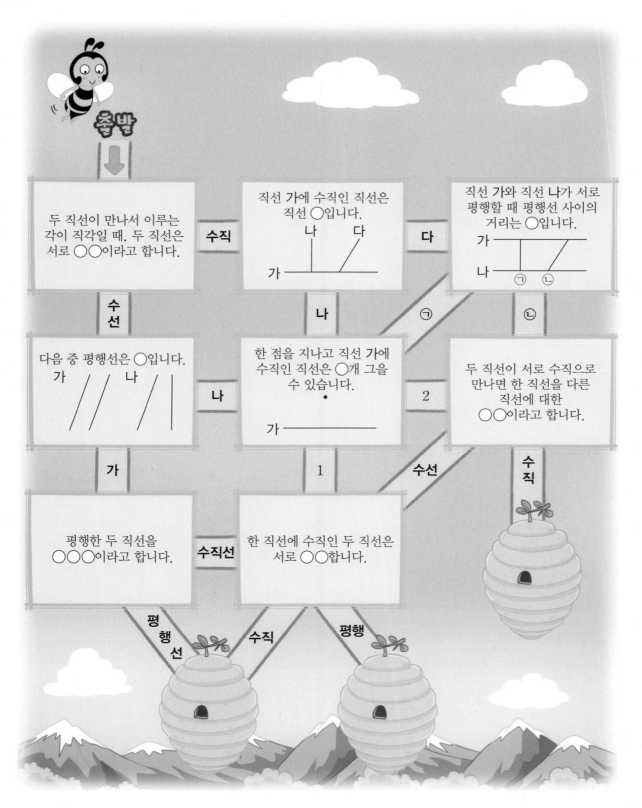

⑫ 평행선 긋기 ⑴

● 주어진 직선과 평행한 직선을 그어 보세요.

1

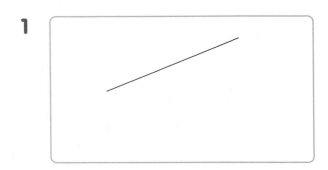

2

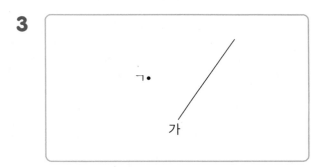

● 점 ㄱ을 지나고 직선 가와 평행한 직선을 그어 보세요.

3

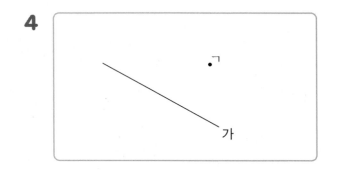

4

⑬ 평행선 사이의 거리를 나타내는 선분 찾기

● 변 ㄱㄹ과 변 ㄴㄷ은 서로 평행합니다. 변 ㄱㄹ과 변 ㄴㄷ 사이의 거리를 나타내는 선분을 찾아 써 보세요.

1

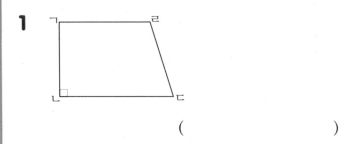

(   )

2

(   )

3

(   )

4

(   )

5

(   )

평행선 긋기 ⑴

⑭ 평행선 사이의 거리 구하기

● 평행선 사이의 거리를 재어 보세요.

1

(   )

2

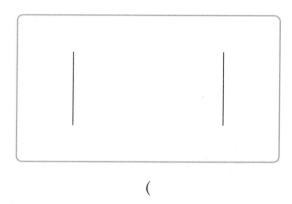

(   )

3

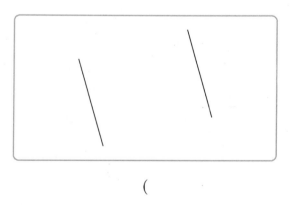

(   )

4

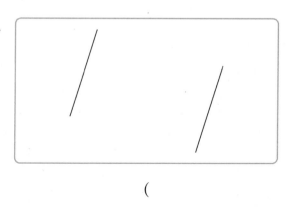

(   )

⑮ 평행선 긋기 (2)

● 주어진 길이가 평행선 사이의 거리가 되도록 평행선을 그어 보세요.

1   2 cm

2   3 cm

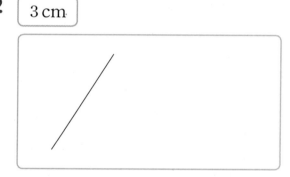

3   2.5 cm

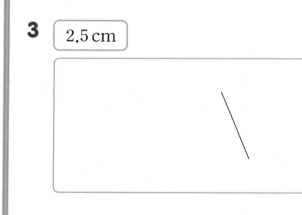

4   4 cm

4 사다리꼴, 평행사변형 알아보기

● **사다리꼴 알아보기**

사다리꼴: 평행한 변이 한 쌍이라도 있는 사각형 → 평행선이 1쌍 또는 2쌍

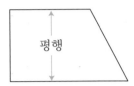  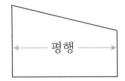

● **평행사변형 알아보기**

평행사변형: 마주 보는 두 쌍의 변이 서로 평행한 사각형 → 평행선이 2쌍

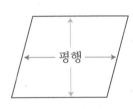 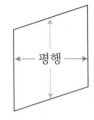 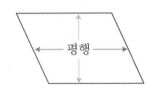

● **평행사변형의 성질**

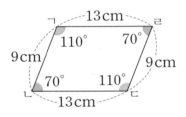

① **마주 보는 두 변의 길이가 같습니다.**
(변 ㄱㄴ)=(변 ㄹㄷ)=9 cm, (변 ㄱㄹ)=(변 ㄴㄷ)=13 cm

② **마주 보는 두 각의 크기가 같습니다.**
(각 ㄱㄴㄷ)=(각 ㄷㄹㄱ)=70°
(각 ㄴㄱㄹ)=(각 ㄹㄷㄴ)=110°

→ 나란히 붙어 있는 두 각

③ **이웃한 두 각의 크기의 합이 180°입니다.**
(각 ㄱㄴㄷ)+(각 ㄴㄷㄹ)=70°+110°=180°

개념 다르게 보기

● **사다리꼴 ⇏ 평행사변형, 평행사변형 ⇒ 사다리꼴이에요!**

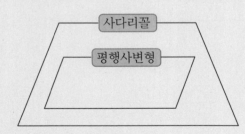

➡ 사다리꼴은 마주 보는 두 쌍의 변이 서로 평행한 것은 아니므로 평행사변형이 아닙니다.

➡ 평행사변형은 마주 보는 두 쌍의 변이 서로 평행하므로 사다리꼴이라고 할 수 있습니다.

정답과 풀이 35쪽

1 사각형을 보고 물음에 답하세요.

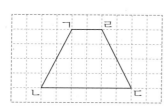

① 서로 평행한 변은 어느 것일까요?

( )

② 왼쪽과 같은 사각형을 무엇이라고 할까요?

( )

2차시에서 배웠어요
서로 만나지 않는 두 직선을 평행하다고 합니다.
평행선

2 도형을 보고 물음에 답하세요.

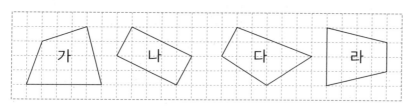

① 사다리꼴을 모두 찾아 기호를 써 보세요.

( )

② 평행사변형을 찾아 기호를 써 보세요.

( )

사다리꼴은 평행한 변이 1쌍 또는 2쌍인 사각형이에요.

3 주어진 선분을 변으로 하는 도형을 완성해 보세요.

① 사다리꼴

② 평행사변형

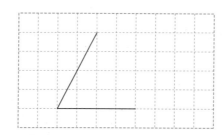

평행사변형은 평행한 변이 2쌍인 사각형이에요.

4 평행사변형을 보고 ☐ 안에 알맞은 수를 써넣으세요.

①

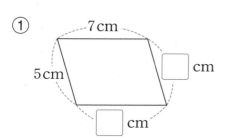

②

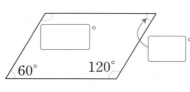

평행사변형은 마주 보는 두 변의 길이가 같고, 마주 보는 두 각의 크기가 같아요.

5 마름모 알아보기

● **마름모**

   마름모: 네 변의 길이가 모두 같은 사각형

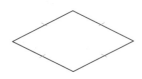 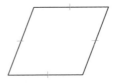

● **마름모의 성질**

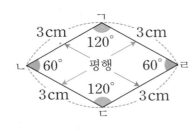

① 네 변의 길이가 모두 같습니다.
   (변 ㄱㄴ)=(변 ㄴㄷ)=(변 ㄷㄹ)=(변 ㄹㄱ)=3 cm

② 마주 보는 두 쌍의 변이 서로 평행합니다.

③ 마주 보는 두 각의 크기가 같습니다.
   (각 ㄱㄴㄷ)=(각 ㄱㄹㄷ)=60°
   (각 ㄴㄱㄹ)=(각 ㄴㄷㄹ)=120°

④ 이웃한 두 각의 크기의 합이 **180°**입니다.
   (각 ㄱㄴㄷ)+(각 ㄴㄷㄹ)=60°+120°=180°

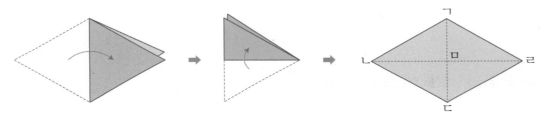

⑤ 마주 보는 꼭짓점끼리 이은 선분이 서로 수직으로 만나고, 이등분합니다.
   (각 ㄱㅁㄹ)=90°, (선분 ㄱㅁ)=(선분 ㄷㅁ), (선분 ㄴㅁ)=(선분 ㄹㅁ)

개념 다르게 보기

● **평행사변형 ⇏ 마름모, 마름모 ⇒ 평행사변형이에요!**

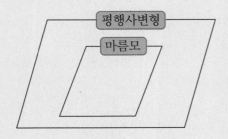

➡ 평행사변형은 네 변의 길이가 모두 같은 것은 아니므로
   마름모가 아닙니다.

➡ 마름모는 마주 보는 두 쌍의 변이 서로 평행하므로 평행사변형이라고
   할 수 있습니다. 따라서 평행사변형의 성질을 모두 가지고 있습니다.

◯ 정답과 풀이 35쪽

1 사각형을 보고 물음에 답하세요.

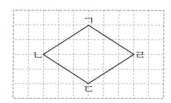

따라서 사각형의 네 변의 길이는 같아요.

① 변 ㄱㄴ과 길이가 같은 변을 모두 찾아 써 보세요.

( )

② 위와 같은 사각형을 무엇이라고 할까요?

( )

2 마름모를 모두 찾아 기호를 써 보세요.

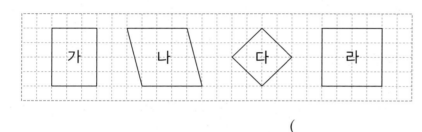

네 변의 길이가 모두 같은 사각형을 찾아보아요.

( )

3 주어진 선분을 두 변으로 하는 마름모를 각각 완성해 보세요.

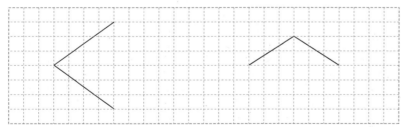

4 마름모입니다. ☐ 안에 알맞은 수를 써넣으세요.

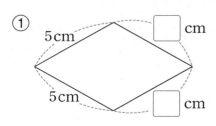
① 5cm, ☐ cm, 5cm, ☐ cm

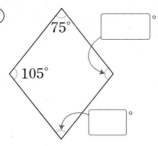
② 75°, 105°, ☐°, ☐°

마름모는 네 변의 길이가 모두 같고, 마주 보는 두 각의 크기가 같아요.

6 여러 가지 사각형 알아보기

● 직사각형과 정사각형의 성질

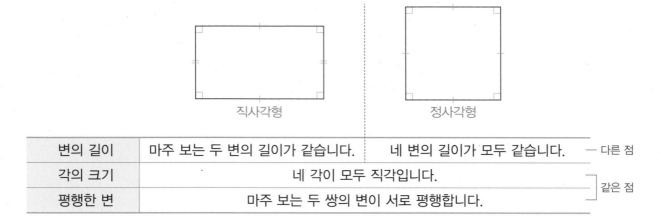

변의 길이	마주 보는 두 변의 길이가 같습니다.	네 변의 길이가 모두 같습니다.	— 다른 점
각의 크기	네 각이 모두 직각입니다.		⎤ 같은 점
평행한 변	마주 보는 두 쌍의 변이 서로 평행합니다.		⎦

● 여러 가지 사각형 알아보기

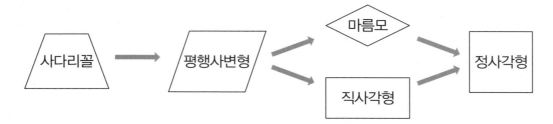

① 평행사변형, 마름모, 직사각형, 정사각형은 평행한 변이 한 쌍이라도 있으므로 사다리꼴입니다.
② 마름모, 직사각형, 정사각형은 마주 보는 두 쌍의 변이 서로 평행하므로 평행사변형입니다.
③ 정사각형은 네 변의 길이가 모두 같으므로 마름모입니다.
④ 정사각형은 네 각이 모두 직각이므로 직사각형입니다.

개념 **자세히 보기**

● 사다리꼴, 평행사변형, 마름모, 직사각형, 정사각형의 성질을 알아보아요!

	사다리꼴	평행사변형	마름모	직사각형	정사각형
평행한 변이 한 쌍이라도 있습니다.	○	○	○	○	○
마주 보는 두 쌍의 변이 서로 평행합니다.		○	○	○	○
네 각이 모두 직각입니다.				○	○
네 변의 길이가 모두 같습니다.			○		○
네 각이 모두 직각이고 네 변의 길이가 모두 같습니다.					○

◐ 정답과 풀이 35쪽

1 직사각형과 정사각형을 모두 찾아 기호를 써 보세요.

3학년 때 배웠어요
• **직사각형**: 네 각이 모두 직각인 사각형
• **정사각형**: 네 각이 모두 직각이고 네 변의 길이가 모두 같은 사각형

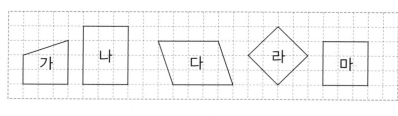

직사각형 (   )

정사각형 (   )

2 사각형을 보고 ☐ 안에 알맞은 기호를 써넣으세요.

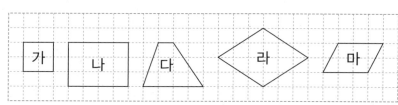

변의 길이, 각의 크기, 평행한 변의 수로 분류해 보아요.

① 사다리꼴은 ☐, ☐, ☐, ☐, ☐ 입니다.

② 평행사변형은 ☐, ☐, ☐, ☐ 입니다.

③ 마름모는 ☐, ☐ 입니다.

④ 직사각형은 ☐, ☐ 입니다.

3 조건을 만족하는 사각형을 모두 찾아 기호를 써 보세요.

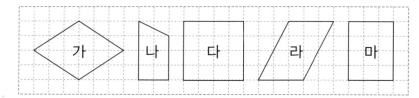

① 평행한 변이 한 쌍이라도 있습니다.

(   )

② 마주 보는 두 변의 길이가 같습니다.

(   )

③ 네 변의 길이가 모두 같습니다.

(   )

• 평행한 변이 2쌍
• 마주 보는 두 변의 길이가 같음.
• 네 변의 길이가 모두 같음.

기본기 강화 문제

16 사다리꼴 찾기

• 사다리꼴을 모두 찾아 기호를 써 보세요.

1

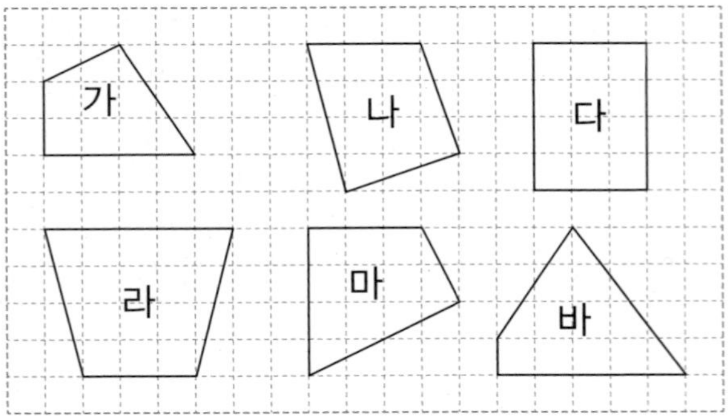

( )

2

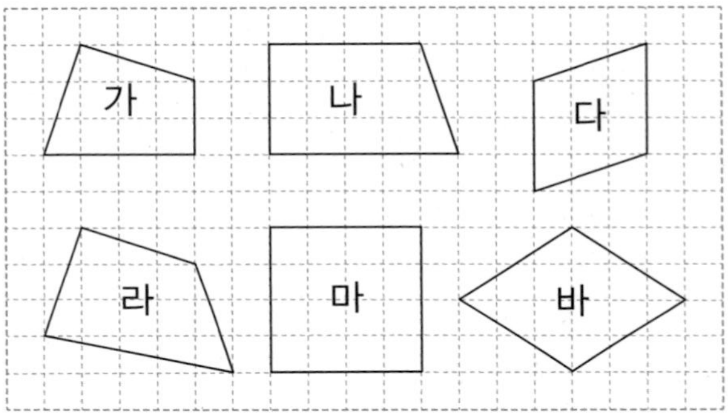

( )

3

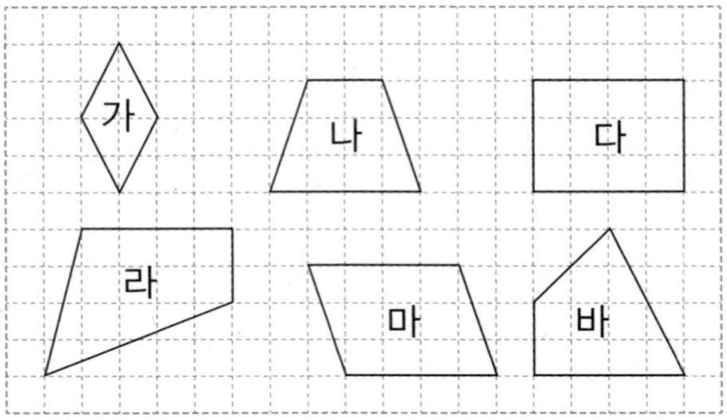

( )

17 사다리꼴 완성하기

• 주어진 선분을 한 변으로 하는 사다리꼴을 완성해 보세요.

1

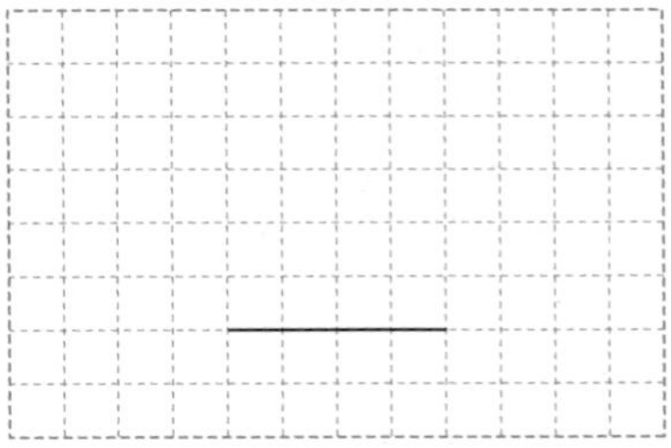

2

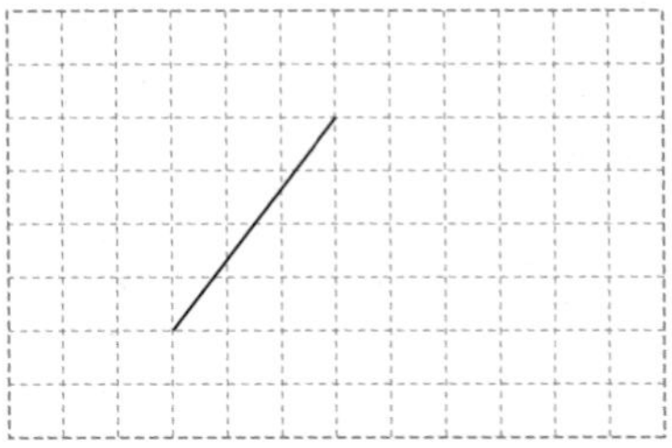

3

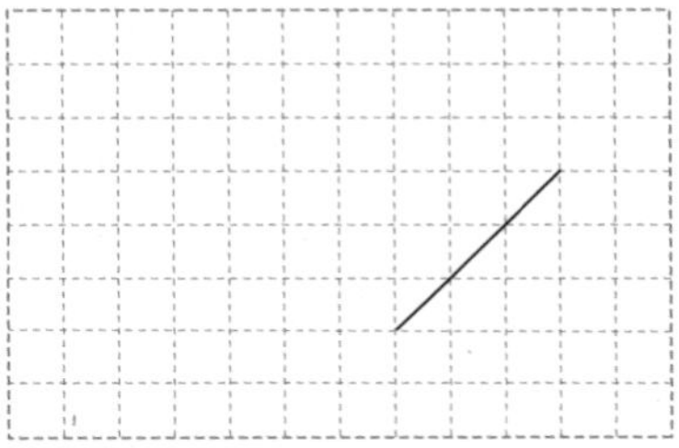

4

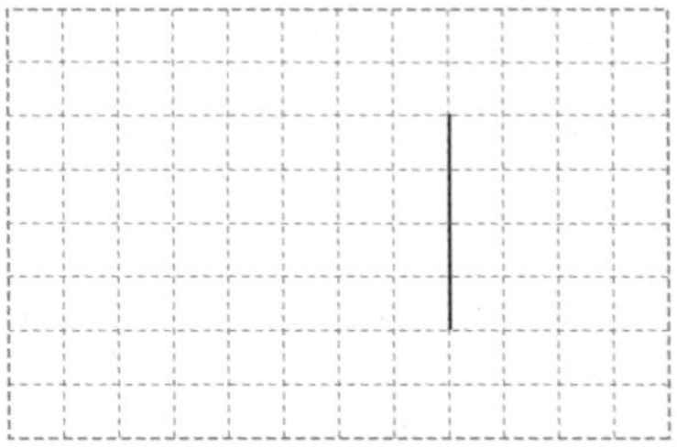

5

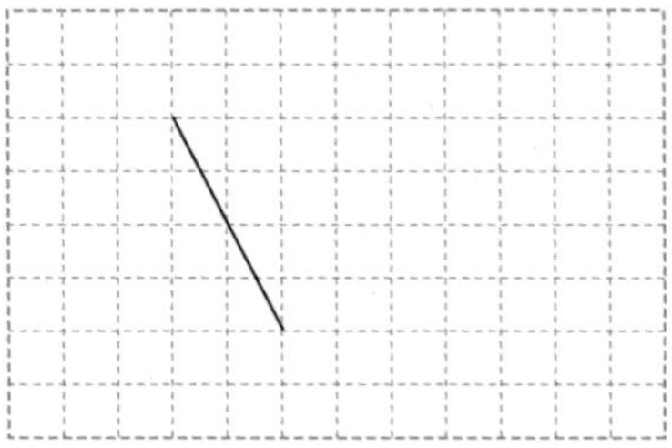

18 평행사변형 찾기

● 평행사변형을 모두 찾아 기호를 써 보세요.

1

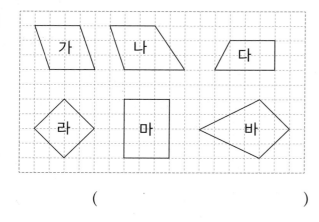

(   )

2

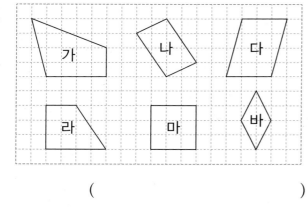

(   )

3

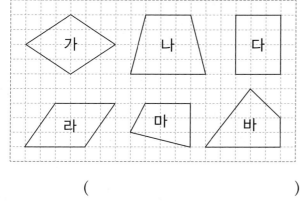

(   )

19 평행사변형 완성하기

● 주어진 선분을 두 변으로 하는 평행사변형을 완성해 보세요.

1

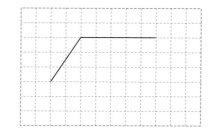

2

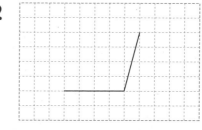

3

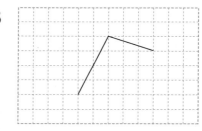

4

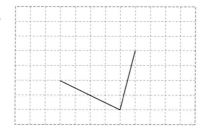

5

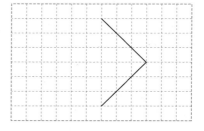

4. 사각형 **117**

20 평행사변형의 성질

● 평행사변형을 보고 □ 안에 알맞은 수를 써넣으세요.

1

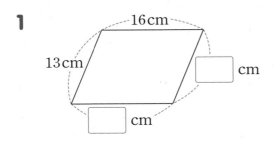

2

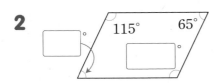

3

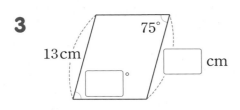

4

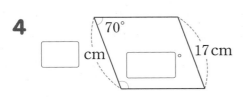

5

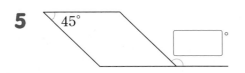

21 마름모 찾기

● 마름모를 모두 찾아 기호를 써 보세요.

1

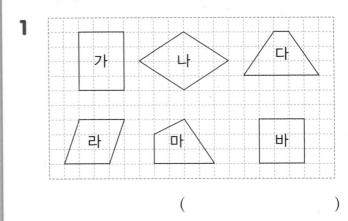

(   )

2

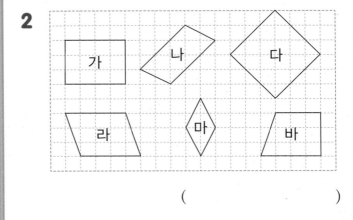

(   )

3

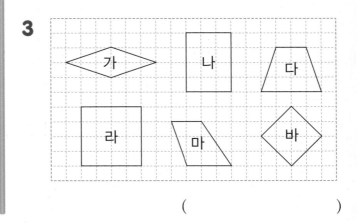

(   )

22 마름모 완성하기

● 주어진 선분을 변으로 하는 마름모를 완성해 보세요.

1
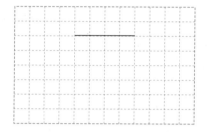

2
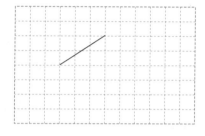

3
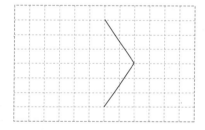

4
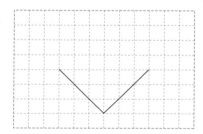

5
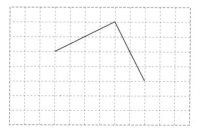

23 마름모의 성질

● 마름모입니다. ☐ 안에 알맞은 수를 써넣으세요.

1
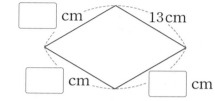

2
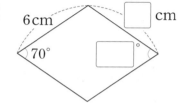

3
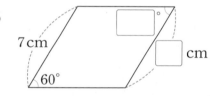

4
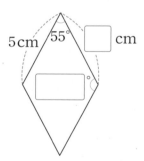

5
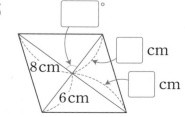

24 도형판에서 여러 가지 사각형 만들기

● 도형판에서 한 꼭짓점만 옮겨서 주어진 사각형을 만들어 보세요.

1 사다리꼴 ➡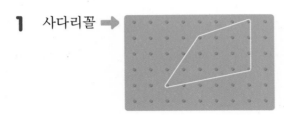

2 사다리꼴 ➡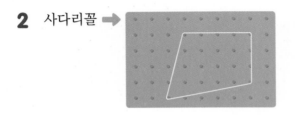

3 평행사변형 ➡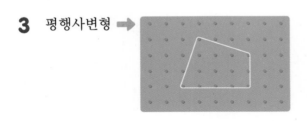

4 평행사변형 ➡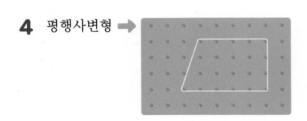

5 마름모 ➡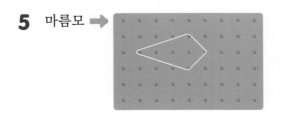

25 직사각형과 정사각형 찾기

● 직사각형과 정사각형을 모두 찾아 직사각형에는 '직', 정사각형에는 '정'이라고 써 보세요.

1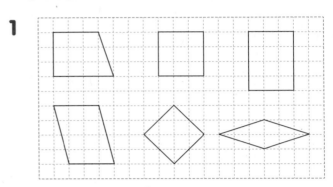

2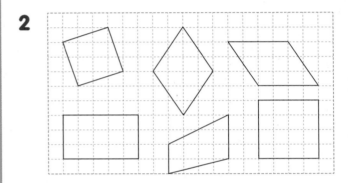

3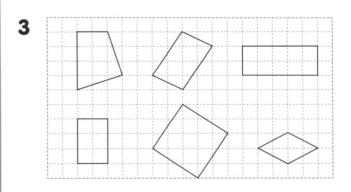

4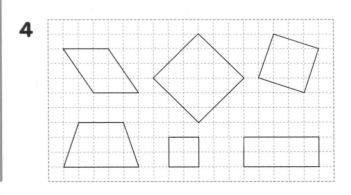

26 미로 통과하기

● 사각형의 이름이 될 수 있는 것을 따라 길을 가야 미로를 통과할 수 있습니다. 출발에서부터 미로를 통과해 보세요.

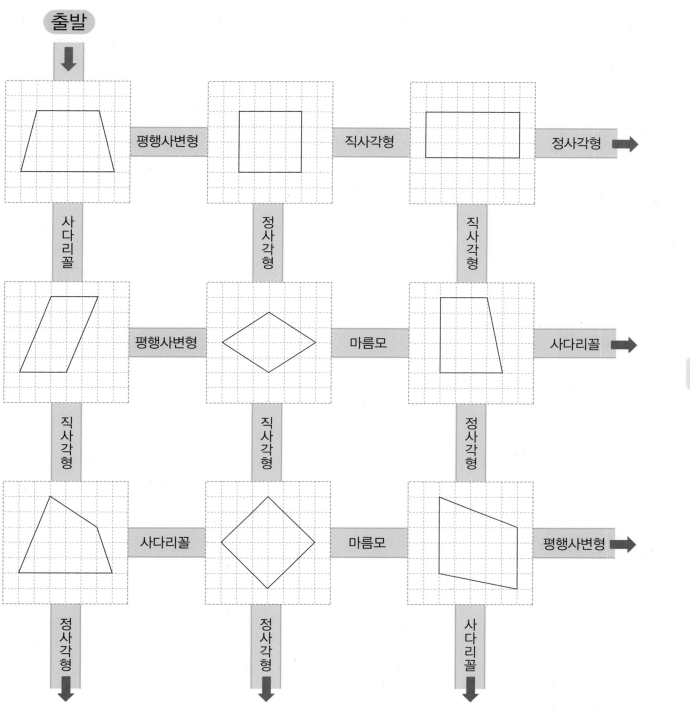

○ 정답과 풀이 **38**쪽

27 여러 가지 사각형 분류하기 (1)

● 사각형을 보고 빈칸에 알맞은 기호를 써넣으세요.

1

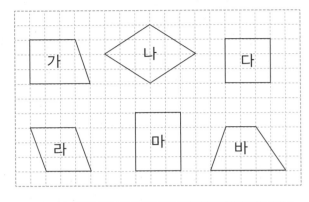

사다리꼴	
평행사변형	
마름모	
직사각형	
정사각형	

2

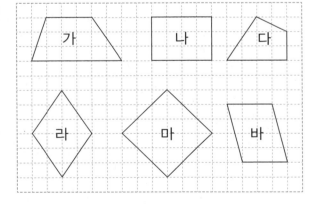

사다리꼴	
평행사변형	
마름모	
직사각형	
정사각형	

28 여러 가지 사각형 분류하기 (2)

● 직사각형 모양의 종이띠를 점선을 따라 잘랐습니다. 빈칸에 알맞은 기호를 써넣으세요.

1

사다리꼴	
평행사변형	
마름모	
직사각형	
정사각형	

2

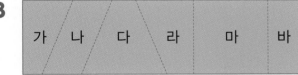

사다리꼴	
평행사변형	
마름모	
직사각형	
정사각형	

3

가	나	다	라	마	바

사다리꼴	
평행사변형	
마름모	
직사각형	
정사각형	

단원 평가

점수　　　확인

[1~2] 그림을 보고 물음에 답하세요.

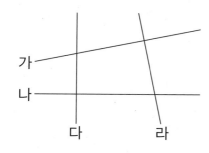

1 직선 가와 수직인 직선은 어느 것일까요?

(　　　　　　　　)

2 직선 다에 대한 수선은 어느 것일까요?

(　　　　　　　　)

3 각도기를 사용하여 직선 가에 대한 수선을 그으려고 합니다. 차례대로 기호를 써 보세요.

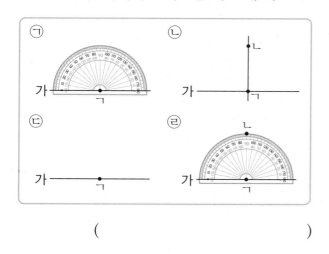

(　　　　　　　　)

4 도형에서 서로 평행한 변을 찾아 써 보세요.

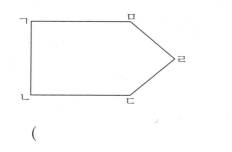

(　　　　　　　　)

5 그림에서 평행선은 모두 몇 쌍일까요?

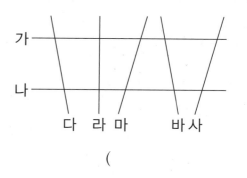

(　　　　　　　　)

6 평행선 사이의 거리는 몇 cm일까요?

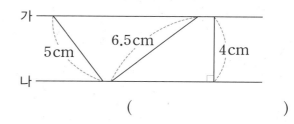

(　　　　　　　　)

7 주어진 직선과 평행선 사이의 거리가 2 cm가 되는 직선을 2개 그어 보세요.

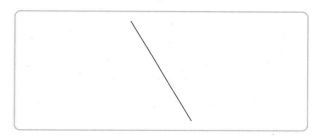

8 변 ㄱㅇ과 변 ㄴㄷ은 서로 평행합니다. 변 ㄱㅇ과 변 ㄴㄷ 사이의 거리는 몇 cm일까요?

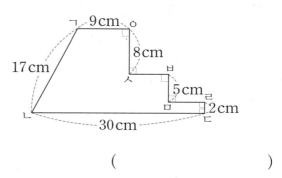

(　　　　　　　　)

9 직사각형 모양의 종이띠를 점선을 따라 잘랐을 때 사다리꼴은 모두 몇 개 만들어질까요?

( )

10 주어진 선분을 두 변으로 하는 사다리꼴을 그리려고 합니다. 꼭짓점이 될 수 있는 점을 찾아 기호를 써 보세요.

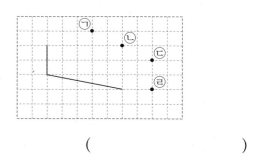

( )

11 주어진 선분을 두 변으로 하는 평행사변형을 완성해 보세요.

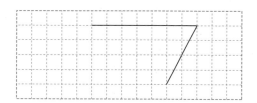

12 평행사변형을 보고 □ 안에 알맞은 수를 써넣으세요.

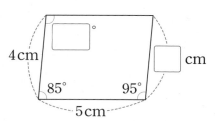

13 평행사변형의 네 변의 길이의 합은 34 cm입니다. 변 ㄱㄹ의 길이는 몇 cm일까요?

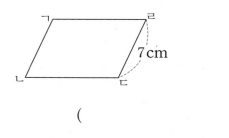

( )

14 마름모에 대한 설명으로 옳지 <u>않은</u> 것은 어느 것일까요? ( )

① 네 변의 길이가 모두 같습니다.
② 네 각의 크기가 모두 같습니다.
③ 마주 보는 두 쌍의 변이 서로 평행합니다.
④ 마주 보는 두 각의 크기가 같습니다.
⑤ 평행사변형입니다.

15 도형판에서 한 꼭짓점만 옮겨서 마름모를 만들어 보세요.

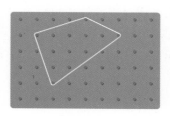

16 오른쪽 도형의 이름이 될 수 있는 것을 모두 고르세요.

(   )

① 사다리꼴   ② 직사각형
③ 평행사변형   ④ 마름모
⑤ 정사각형

17 두 사각형의 공통점을 모두 찾아 기호를 써 보세요.

ㄱ 네 변의 길이가 모두 같습니다.
ㄴ 마주 보는 두 각의 크기가 같습니다.
ㄷ 마주 보는 두 쌍의 변이 서로 평행합니다.
ㄹ 사다리꼴입니다.

(   )

18 막대 4개를 변으로 하여 만들 수 없는 사각형을 찾아 기호를 써 보세요.

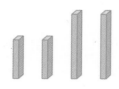

ㄱ 사다리꼴   ㄴ 직사각형
ㄷ 마름모   ㄹ 평행사변형

(   )

19 직선 가와 직선 나가 서로 수직일 때, ㄴ의 각도는 몇 도인지 보기 와 같이 풀이 과정을 쓰고 답을 구해 보세요.

보기

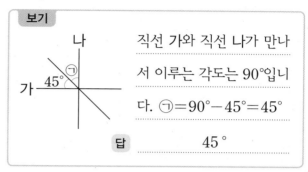

직선 가와 직선 나가 만나서 이루는 각도는 90°입니다. ㄱ=90°−45°=45°

답   45°

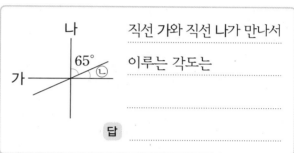

직선 가와 직선 나가 만나서 이루는 각도는

답

20 한 변의 길이가 7 cm인 마름모의 네 변의 길이의 합은 몇 cm인지 보기 와 같이 풀이 과정을 쓰고 답을 구해 보세요.

보기

한 변의 길이가 6 cm인 마름모의 네 변의 길이의 합 구하기

마름모는 네 변의 길이가 모두 같으므로 네 변의 길이의 합은 $6 \times 4 = 24$ (cm)입니다.

답   24 cm

마름모는

답

5 꺾은선그래프

10일

15일

토마토의 키

10일	15일	20일	25일
3cm	6cm	8cm	10 cm

토마토의 키를
꺾은선그래프로 나타내 볼까?

날짜별로 토마토의 키가
얼마나 자라는지 기록해 봤어!

서진이는 기르고 있는 토마토의 키의 변화를 알아보기 위해 5일마다 키를 재었어요.
점들을 이어 토마토의 키를 꺾은선그래프로 나타내어 보세요.

20일

25일

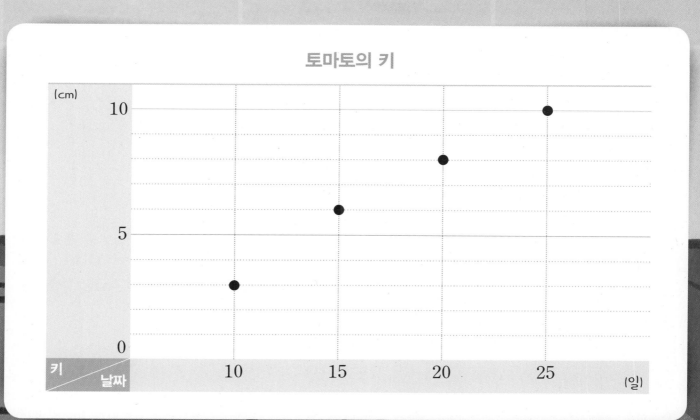

토마토의 키

1 꺾은선그래프 알아보기

● **꺾은선그래프 알아보기**

꺾은선그래프: 연속적으로 변화하는 양을 점으로 표시하고, 그 점들을 선분으로 이어 그린 그래프

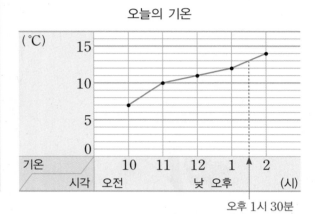

	막대그래프	꺾은선그래프
같은 점	① 시간별 기온을 나타냅니다. ② 가로는 시각, 세로는 기온을 나타냅니다. ③ 세로 눈금 한 칸의 크기는 각각 1 ℃로 같습니다.	
다른 점	자료 값을 막대로 나타냅니다.	자료 값을 선분으로 이어서 나타냅니다.

● **꺾은선그래프의 특징**

• 변화하는 모양과 정도를 알아보기 쉽습니다.

➡ 기온의 변화가 가장 큰 때는 오전 10시와 오전 11시 사이입니다.

• 조사하지 않은 중간값을 추측할 수 있습니다.

➡ 오후 1시 30분의 기온은 13 ℃ 정도로 생각할 수 있습니다.

개념 자세히 보기

● **막대그래프와 꺾은선그래프의 특징을 알 수 있어요!**

구분	막대그래프	꺾은선그래프
특징	각 부분의 크기를 비교하기 쉽습니다.	시간에 따른 연속적인 변화를 나타낼 수 있고 조사하지 않은 중간값도 추측할 수 있습니다.
알맞은 자료	종류별 좋아하는 학생 수, 친구들의 키 등	키의 변화, 인구의 변화, 연도별 학급당 학생 수의 변화 등

1 수현이네 교실에 있는 화초의 키를 3월부터 8월까지 매월 5일에 재어 나타낸 그래프입니다. 물음에 답하세요.

화초의 키

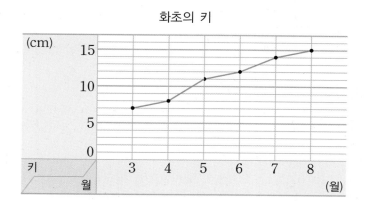

3학년 때 배웠어요

그림그래프: 알려고 하는 수 (조사한 수)를 그림으로 나타낸 그래프

마을별 나무 수

① 위와 같은 그래프를 무슨 그래프라고 할까요?

(   )

② 꺾은선그래프의 가로와 세로는 각각 무엇을 나타낼까요?

가로 (   ), 세로 (   )

그림으로 나타낸 그래프는 그림그래프예요. 그럼 선분으로 나타낸 그래프는 뭐라고 부를까요?

2 4월 어느 날 지희네 교실의 온도를 조사하여 나타낸 그래프입니다. 물음에 답하세요.

교실의 온도

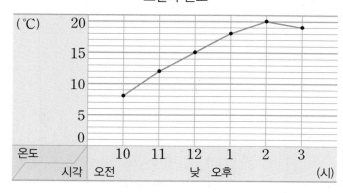

5

① 세로 눈금 한 칸은 얼마를 나타낼까요?

(   )

② 꺾은선은 무엇을 나타낼까요?

(   )

③ 오후 2시에 교실의 온도는 몇 ℃일까요?

(   )

세로 눈금 5칸은 5℃를 나타내요.

2 꺾은선그래프 내용 알아보기

● **꺾은선그래프 내용 알아보기**

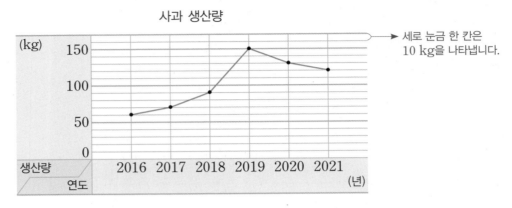

사과 생산량

세로 눈금 한 칸은 10 kg을 나타냅니다.

• 가로: 연도, 세로: 생산량
• 사과 생산량이 2019년까지 늘어나다가 줄어들고 있습니다.
• 사과 생산량이 가장 많은 때는 2019년입니다.
• 전년에 비해 사과 생산량이 가장 많이 늘어난 때는 2019년입니다.
  └→ 선분이 가장 많이 기울어진 때

● **물결선을 넣은 꺾은선그래프 알아보기**

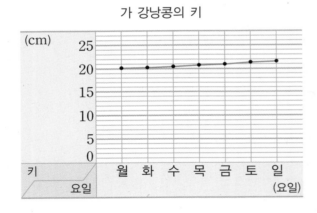

가 강낭콩의 키

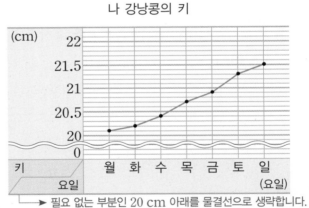

나 강낭콩의 키

└→ 필요 없는 부분인 20 cm 아래를 물결선으로 생략합니다.

• 가 그래프와 나 그래프는 강낭콩의 키를 조사하여 나타낸 것입니다.
• 나 그래프에서 가장 작은 값이 20.1 cm이기 때문에 세로 눈금이 물결선 위로 20 cm부터 시작합니다.
• 가 그래프와 나 그래프 중에서 값을 더 읽기 편한 것은 나 그래프입니다.
  ➡ 나 그래프는 필요 없는 부분을 줄여서 강낭콩의 키를 정확히 나타낼 수 있기 때문입니다.

> **개념 자세히 보기**

● **선분의 기울어진 정도로 자료의 변화를 알 수 있어요!**

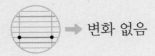 ➡ 변화 없음   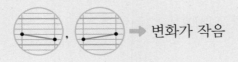 ➡ 변화가 작음   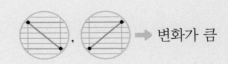 ➡ 변화가 큼

◉ 정답과 풀이 **40**쪽

1 어느 대리점의 연도별 자동차 판매량을 조사하여 나타낸 꺾은선그래프입니다. 물음에 답하세요.

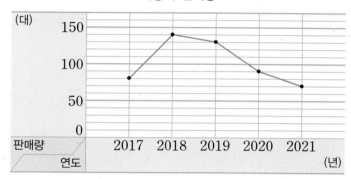

① 꺾은선그래프의 가로와 세로는 각각 무엇을 나타낼까요?

가로 (   ), 세로 (   )

② 세로 눈금 한 칸은 얼마를 나타낼까요?

(   )

③ 전년에 비해 자동차 판매량이 가장 많이 줄어든 때는 몇 년일까요?

(   )

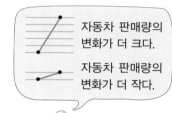

자동차 판매량의 변화가 더 크다.

자동차 판매량의 변화가 더 작다.

5

2 햄스터의 무게를 월별로 조사하여 두 꺾은선그래프로 나타냈습니다. 물음에 답하세요.

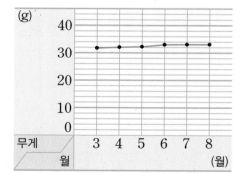

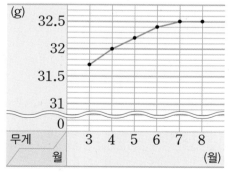

① 가와 나 그래프의 다른 점은 무엇일까요?

(   )

② 가와 나 그래프 중 값을 더 읽기 편한 것의 기호를 써 보세요.

(   )

필요한 부분만 나타내면 자료 값을 더 잘 알 수 있어요.

3 꺾은선그래프로 나타내기, 꺾은선그래프 이용하기

● **꺾은선그래프로 나타내는 방법**

① 표를 보고 그래프의 가로와 세로에 무엇을 나타낼 것인지 정합니다.

② 눈금 한 칸의 크기를 정하고, 조사한 수 중에서 가장 큰 수를 나타낼 수 있도록 눈금의 수를 정합니다.

③ 가로 눈금과 세로 눈금이 만나는 자리에 점을 찍습니다.

④ 점들을 선분으로 잇습니다.

⑤ 꺾은선그래프에 알맞은 제목을 붙입니다.

● **물결선을 사용하여 꺾은선그래프로 나타내기**

필요 없는 부분은 물결선으로 줄여서 나타내고, 물결선 위로 시작할 수를 정합니다.

윤제의 체온

시각	오후 7시	오후 8시	오후 9시	오후 10시	오후 11시
체온(℃)	36.6	37.2	37.9	37.5	36.7

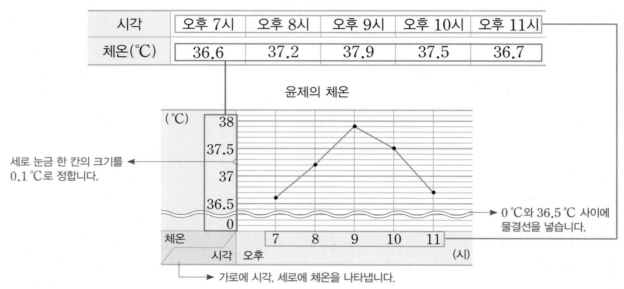

세로 눈금 한 칸의 크기를 0.1 ℃로 정합니다.

0 ℃와 36.5 ℃ 사이에 물결선을 넣습니다.

가로에 시각, 세로에 체온을 나타냅니다.

● **꺾은선그래프 이용하기**

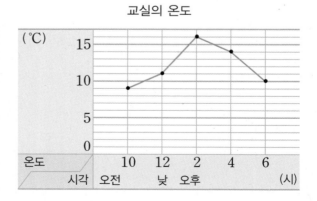

• 운동장의 온도와 교실의 온도가 가장 높은 때는 오후 2시입니다.

• 교실의 온도가 운동장의 온도보다 높습니다.

◐ 정답과 풀이 **40쪽**

1 찬우네 마을의 아침 최저 기온을 7일마다 조사하여 나타낸 표를 보고 꺾은선그래프로 나타내려고 합니다. 물음에 답하세요.

아침 최저 기온

날짜(일)	1	8	15	22	29
기온(℃)	11	13	10	8	7

① 꺾은선그래프의 가로에 날짜를 나타낸다면 세로에는 무엇을 나타내어야 할까요?

(   )

② 표를 보고 꺾은선그래프로 나타내어 보세요.

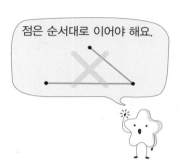
점은 순서대로 이어야 해요.

(℃)

날짜   1   8   15   22   29   (일)

곧은 선으로 이어야 해요.

2 주연이가 집에서 키우는 강아지 두 마리의 무게를 월별로 조사하여 꺾은선그래프로 나타냈습니다. 물음에 답하세요.

가 강아지의 무게

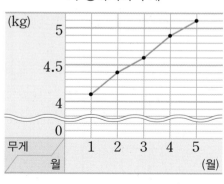

나 강아지의 무게

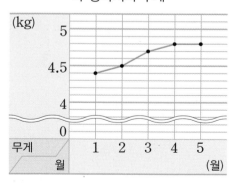

① 가와 나 중 처음에 더 무거운 강아지의 기호를 써 보세요.

(   )

꺾은선그래프에서 선분의 기울어진 정도를 알아보아요.

② 가와 나 중 무게가 더 빠르게 늘어난 강아지의 기호를 써 보세요.

(   )

5

기본기 강화 문제

1 꺾은선그래프 알아보기

● 어느 도시의 9월 어느 날 하루 기온을 조사하여 나타 낸 꺾은선그래프입니다. 물음에 답하세요.

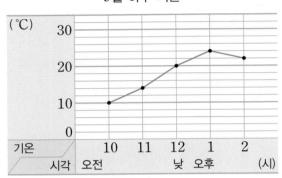

9월 하루 기온

1 꺾은선그래프의 가로는 무엇을 나타낼까요?

(   )

2 꺾은선그래프의 세로는 무엇을 나타낼까요?

(   )

3 세로 눈금 한 칸은 얼마를 나타낼까요?

(   )

4 꺾은선은 무엇을 나타낼까요?

(   )

5 오전 11시의 기온은 몇 ℃일까요?

(   )

2 꺾은선그래프를 보고 표 완성하기

● 꺾은선그래프를 보고 표를 완성해 보세요.

1

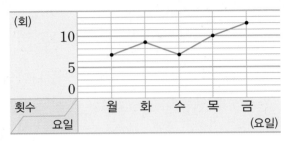

지우의 턱걸이 횟수

지우의 턱걸이 횟수

요일(요일)	월	화	수	목	금
횟수(회)					

2

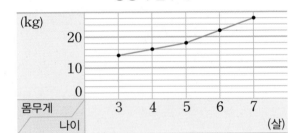

동생의 몸무게

동생의 몸무게

나이(살)	3	4	5	6	7
몸무게(kg)					

3

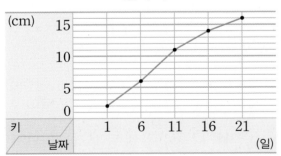

식물의 키

식물의 키

날짜(일)	1	6	11	16	21
키(cm)					

③ 막대그래프와 꺾은선그래프의 비교

• 어느 편의점의 아이스크림 판매량을 월별로 조사하여 나타낸 막대그래프와 꺾은선그래프입니다. 물음에 답하세요.

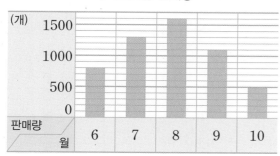

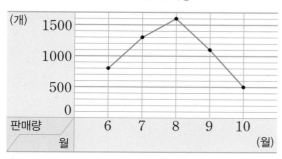

1 막대그래프와 꺾은선그래프의 같은 점을 써 보세요.

_____

_____

2 막대그래프와 꺾은선그래프의 다른 점을 써 보세요.

_____

_____

3 막대그래프와 꺾은선그래프 중 판매량의 변화를 한눈에 알아보기 쉬운 그래프는 어느 것일까요?

( )

④ 꺾은선그래프의 내용 알아보기

• 준영이가 살고 있는 지역의 연도별 적설량을 조사하여 나타낸 꺾은선그래프입니다. 물음에 답하세요.

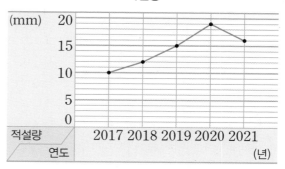

1 꺾은선그래프의 가로와 세로는 각각 무엇을 나타낼까요?

가로 ( )

세로 ( )

2 2018년의 적설량은 몇 mm일까요?

( )

3 적설량이 가장 많은 때는 언제일까요?

( )

4 적설량의 변화가 가장 큰 때는 몇 년과 몇 년 사이일까요?

( )

5 적설량의 변화가 가장 작은 때는 몇 년과 몇 년 사이일까요?

( )

5 물결선을 사용한 꺾은선그래프의 내용 알아보기

● 성현이가 하루 동안 체온을 재어 나타낸 꺾은선그래프입니다. 물음에 답하세요.

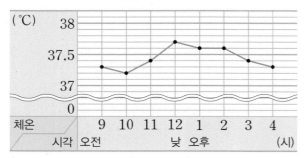

성현이의 체온

1 꺾은선그래프에서 자료 값을 더 읽기 편하게 하기 위해 필요 없는 부분은 무엇을 사용하여 나타내었나요?

( )

2 세로 눈금 한 칸은 얼마를 나타낼까요?

( )

3 체온이 가장 높은 때와 가장 낮은 때의 체온의 차를 구해 보세요.

( )

4 체온의 변화가 가장 큰 때는 몇 시와 몇 시 사이일까요?

( )

5 체온의 변화가 없는 때는 몇 시와 몇 시 사이일까요?

( )

6 꺾은선그래프에서 중간값 추측하기

1 은혜가 물을 얼리면서 온도를 조사하여 나타낸 꺾은선그래프입니다. 35분이 지났을 때의 물의 온도는 몇 ℃였을 것이라고 생각하나요?

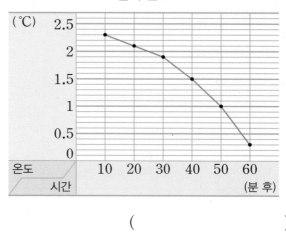

물의 온도

( )

2 성재가 애벌레의 길이를 2일 간격으로 조사하여 나타낸 꺾은선그래프입니다. 11일 애벌레의 길이는 몇 cm였을 것이라고 생각하나요?

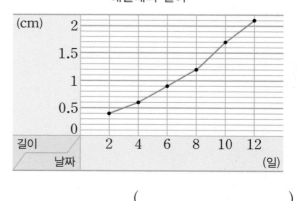

애벌레의 길이

( )

7 꺾은선그래프로 나타내기

• 표를 보고 꺾은선그래프로 나타내어 보세요.

1

은지네 가족의 쌀 소비량

월(월)	2	3	4	5	6
소비량(kg)	15	13	7	8	6

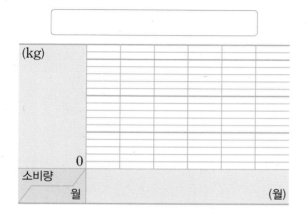

2

강수량

월(월)	5	6	7	8	9
강수량(mm)	50	120	210	180	90

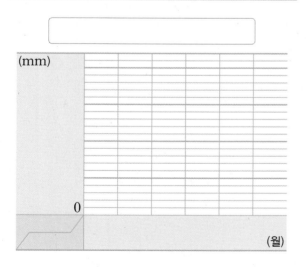

8 물결선을 사용하여 꺾은선그래프로 나타내기

• 표를 보고 꺾은선그래프로 나타내어 보세요.

1

민경이의 멀리뛰기 기록

월(월)	3	4	5	6	7	8
뛴 거리(cm)	116	117	120	124	127	128

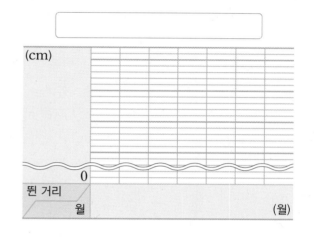

2

바다의 수온

날짜(일)	1	6	11	16	21
수온(℃)	7.8	8.3	9.2	8.7	8.1

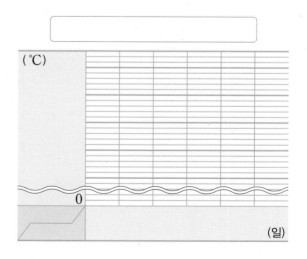

5

9 꺾은선그래프를 보고 예상하기

1 어느 지역의 연도별 보리 생산량을 조사하여 나타낸 꺾은선그래프입니다. 2022년의 보리 생산량은 몇 kg이 될 것이라고 예상하나요?

보리 생산량

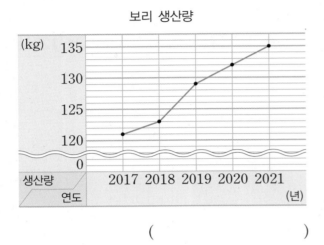

( )

2 7월 한 달 동안 독도 지역의 해 뜨는 시각을 조사하여 나타낸 꺾은선그래프입니다. 일주일 후인 8월 5일의 해 뜨는 시각은 언제가 될 것이라고 예상하나요?

해 뜨는 시각

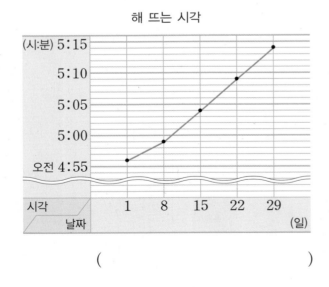

( )

10 2개의 꺾은선그래프 비교하기

1 태호와 다희의 몸무게를 조사하여 나타낸 꺾은선그래프입니다. 몸무게가 처음에 **빠르게** 늘어나다가 시간이 지나면서 천천히 늘어난 사람은 누구일까요?

태호의 몸무게   다희의 몸무게

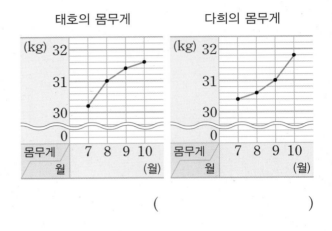

( )

2 재래 시장 안의 맛나 분식점과 콩떡 분식점의 월별 손님 수를 조사하여 나타낸 꺾은선그래프입니다. 6월에 손님 수가 3월보다 더 많이 늘어난 분식점은 어느 곳일까요?

맛나 분식점   콩떡 분식점

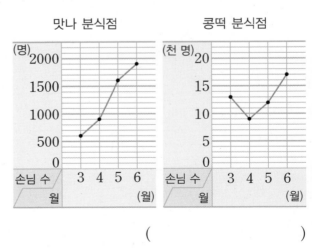

( )

11 자료를 조사하여 꺾은선그래프로 나타내기

• 과거의 날씨를 조사한 것을 보고 최고 기온과 최저 기온을 꺾은선그래프로 나타내어 보세요.

	2020년			8월		
일	월	화	수	목	금	토
1	2	3	4	5	6	7
최고 기온 → 32℃	29℃	32℃	30℃	33℃	34℃	34℃
최저 기온 → 26℃	24℃	26℃	25℃	26℃	25℃	26℃
8	9	10	11	12	13	14
33℃	31℃	32℃	31℃	33℃	31℃	33℃
24℃	23℃	24℃	25℃	22℃	24℃	23℃
15	16	17	18	19	20	21
31℃	31℃	33℃	32℃	30℃	28℃	29℃
23℃	21℃	20℃	24℃	24℃	22℃	23℃
22	23	24	25	26	27	28
30℃	32℃	30℃	25℃	25℃	30℃	28℃
23℃	21℃	23℃	19℃	19℃	21℃	19℃
29	30	31				
31℃	31℃	31℃				
19℃	20℃	21℃				

1

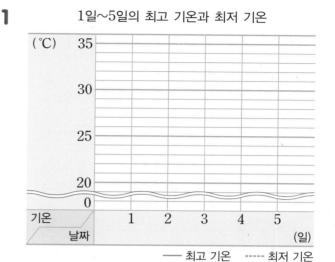

1일~5일의 최고 기온과 최저 기온

—— 최고 기온 ----- 최저 기온

2

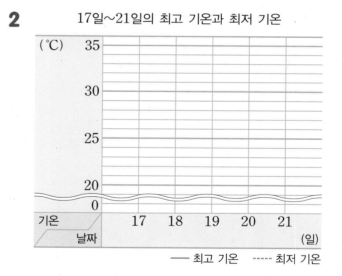

17일~21일의 최고 기온과 최저 기온

—— 최고 기온 ----- 최저 기온

◑ 정답과 풀이 **42**쪽

⑫ **자료 값의 합 알아보기**

1 어느 대리점의 월별 에어컨 판매량을 조사하여 나타낸 꺾은선그래프입니다. 5월부터 9월까지 에어컨을 몇 대 팔았을까요?

에어컨 판매량

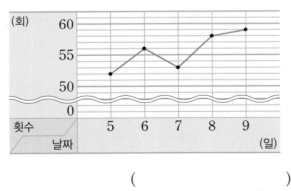

(   )

2 주선이가 5일 동안 모둠발로 뒤로 줄넘기를 한 횟수를 조사하여 나타낸 꺾은선그래프입니다. 5일 동안 모둠발로 뒤로 줄넘기를 모두 몇 회 했을까요?

모둠발로 뒤로 줄넘기를 한 횟수

(   )

⑬ **한 그래프에서 2개의 꺾은선 비교하기**

1 어느 초등학교 4학년 남학생과 여학생의 평균 키를 나타낸 꺾은선그래프입니다. 남학생과 여학생의 평균 키의 차가 가장 큰 때는 언제일까요?

평균 키

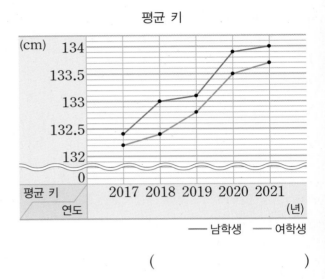

─ 남학생   ─ 여학생

(   )

2 어느 초등학교의 졸업생 수와 입학생 수를 나타낸 꺾은선그래프입니다. 졸업생 수와 입학생 수의 차가 가장 큰 때는 언제이고, 그때의 차는 몇 명일까요?

졸업생 수와 입학생 수

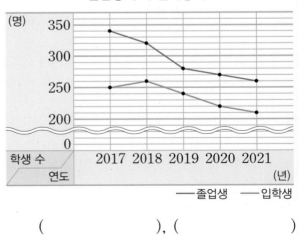

─ 졸업생   ─ 입학생

(   ), (   )

단원 평가

| 점수 | 확인 |

[1~4] 희영이네 거실의 온도를 조사하여 나타낸 그래프입니다. 물음에 답하세요.

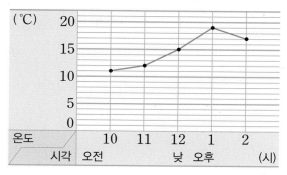

거실의 온도

1 그래프에서 가로와 세로는 각각 무엇을 나타낼까요?

가로 (   )

세로 (   )

2 그래프를 보고 표를 완성해 보세요.

거실의 온도

시각	오전 10시	오전 11시	낮 12시	오후 1시	오후 2시
온도(℃)					

3 온도가 가장 높은 때는 몇 시일까요?

(   )

4 온도 변화가 가장 큰 때는 몇 시와 몇 시 사이일까요?

(   )

5 □ 안에 알맞은 말을 써넣으세요.

(1) 수량을 점으로 표시하고, 그 점들을 선분으로 이어 그린 그래프를 [   ]라고 합니다.

(2) 꺾은선그래프를 그릴 때 필요 없는 부분은 [   ]으로 생략할 수 있습니다.

[6~8] 준서의 타자 연습 결과를 매주 월요일에 기록하여 나타낸 꺾은선그래프입니다. 물음에 답하세요.

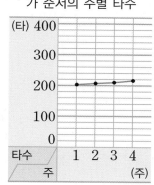
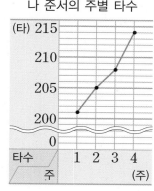

6 세로 눈금 한 칸은 각각 몇 타를 나타낼까요?

가 (   )

나 (   )

7 가와 나 중 타수의 변화하는 모양을 더 뚜렷하게 나타낸 그래프의 기호를 써 보세요.

(   )

8 4주 타수는 1주 타수보다 몇 타 더 많을까요?

(   )

[9~12] 아현이네 집에서 버리는 음식물 쓰레기 양을 2달마다 조사하여 나타낸 표입니다. 물음에 답하세요.

음식물 쓰레기 양

월(월)	1	3	5	7	9
쓰레기 양(L)	24	22	19	17	12

9 표를 보고 꺾은선그래프로 나타내어 보세요.

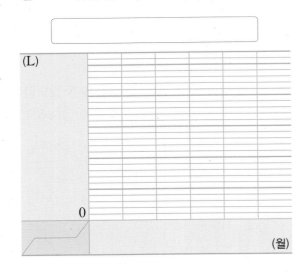

10 음식물 쓰레기 양은 어떻게 변하고 있을까요?

( )

11 2달 전에 비해 음식물 쓰레기 양이 가장 많이 줄어든 때는 몇 월일까요?

( )

12 6월의 음식물 쓰레기 양은 몇 L였을 것이라고 생각하나요?

( )

[13~14] 정훈이의 몸무게를 월별로 조사하여 나타낸 표입니다. 물음에 답하세요.

정훈이의 몸무게

월(월)	8	9	10	11	12
몸무게(kg)	37.9	37.6	38	38.5	38.9

13 그래프를 그리는 데 꼭 필요한 부분은 몇 kg부터 몇 kg까지일까요?

( )

14 표를 보고 물결선을 사용하여 꺾은선그래프로 나타내어 보세요.

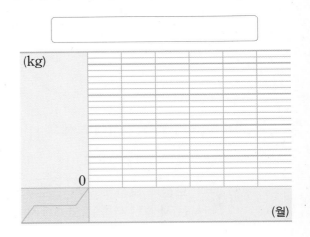

15 두 지역의 11월 5일 하루의 기온을 조사하여 나타낸 꺾은선그래프입니다. 가와 나 지역 중 기온의 변화가 더 큰 지역의 기호를 써 보세요.

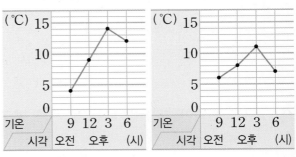

( )

16 수정이가 6일 동안 윗몸 말아 올리기를 한 횟수를 조사하여 나타낸 꺾은선그래프입니다. 6일 동안 윗몸 말아 올리기를 모두 몇 회 했을까요?

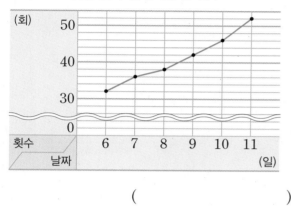

윗몸 말아 올리기를 한 횟수

( )

[17~18] 두 식물의 키를 2일마다 조사하여 나타낸 꺾은선그래프입니다. 물음에 답하세요.

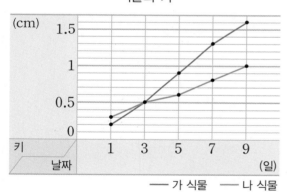

식물의 키

—— 가 식물   —— 나 식물

17 두 식물의 키가 같아지는 때는 며칠일까요?

( )

18 가 식물과 나 식물의 키의 차가 가장 큰 때는 며칠이고, 그때의 키의 차는 몇 cm일까요?

( ), ( )

19 3년 동안 늘어난 수출액은 얼마인지 보기 와 같이 풀이 과정을 쓰고 답을 구해 보세요.

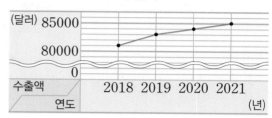

수출액

보기

식물의 키

5월에는 16 cm, 8월에는 20 cm 이므로 4 cm 자랐습니다.

답   4 cm

2018년에는

답

20 **19**의 그래프를 보고 2022년의 수출액이 얼마가 될지 보기 와 같이 예상해 보세요.

보기

6월부터 8월까지 매월 1 cm씩 커졌으므로 9월에는 21 cm가 될 것이라고 예상합니다.

답   예 21 cm

2019년부터 2021년까지

답

6 다각형

구역

기수네 마을 지도예요. 마을은 여러 가지 도형으로 구역이 나누어져 있어요.
사각형 구역을 모두 찾아 변을 따라서 선을 그려 보세요.

1 다각형 알아보기

● **다각형 알아보기**

- **다각형**: 선분으로만 둘러싸인 도형

- 변의 수에 따라 다각형 분류하기

변의 수	5개	6개	7개	8개
도형				
이름	**오각형**	**육각형**	**칠각형**	**팔각형**

● **정다각형 알아보기**

- **정다각형**: 변의 길이가 모두 같고, 각의 크기가 모두 같은 다각형

- 변의 수에 따라 정다각형 분류하기

변의 수	5개	6개	7개	8개
도형				
이름	**정오각형**	**정육각형**	**정칠각형**	**정팔각형**

개념 자세히 보기

- 곡선이 포함되어 있거나 일부분이 열려 있는 도형은 다각형이 아니에요!

곡선이 포함되어 있으므로 다각형이 아닙니다.

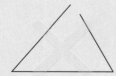
일부분이 열려 있으므로 다각형이 아닙니다.

- 변의 길이만 같거나 각의 크기만 같으면 정다각형이 아니에요!

각의 크기가 같지 않으므로 정다각형이 아닙니다.

변의 길이가 모두 같지 않으므로 정다각형이 아닙니다.

◐ 정답과 풀이 **44**쪽

1 도형을 보고 물음에 답하세요.

① 선분으로만 둘러싸인 도형을 모두 찾아 기호를 써 보세요.

(   )

② 위 ①과 같은 도형을 무엇이라고 할까요?

(   )

2 관계있는 것끼리 이어 보세요.

 •

 •

 •

• 삼각형

• 팔각형

• 오각형

3 정다각형을 모두 찾아 기호를 써 보세요.

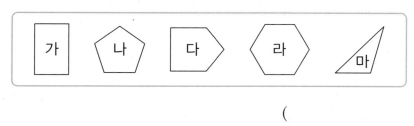

(   )

4 정다각형의 이름을 써 보세요.

①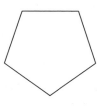

②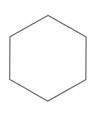

(   )   (   )

6. 다각형 **147**

2 대각선 알아보기

● 대각선 알아보기

대각선: 다각형에서 선분 ㄱㄷ, 선분 ㄴㄹ과 같이 서로 이웃하지 않는 두 꼭짓점을 이은 선분

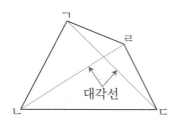
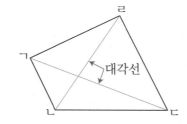

● 여러 가지 사각형의 대각선의 성질

	사각형	
두 대각선의 길이가 같습니다.	직사각형	정사각형
두 대각선이 서로 수직으로 만납니다.	마름모	정사각형
한 대각선이 다른 대각선을 반으로 나눕니다.	평행사변형 / 직사각형	마름모 / 정사각형

개념 자세히 보기

● **삼각형에는 대각선을 그을 수 없어요!**

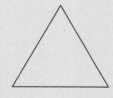

삼각형은 모든 꼭짓점이 이웃하고 있으므로 대각선을 그을 수 없습니다.

● **정오각형에서 그을 수 있는 대각선의 길이는 모두 같아요!**

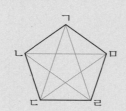

(선분 ㄱㄷ) = (선분 ㄱㄹ)
= (선분 ㄴㅁ)
= (선분 ㄴㄹ)
= (선분 ㄷㅁ)

● 정답과 풀이 **44**쪽

1 오른쪽 그림에서 선분 ㄱㄷ과 같이 이웃하지 않는 두 꼭짓점을 이은 선분을 무엇이라고 할까요?

(   )

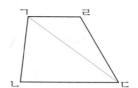

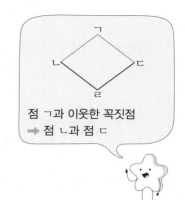

점 ㄱ과 이웃한 꼭짓점
➡ 점 ㄴ과 점 ㄷ

2 도형에 대각선을 모두 그어 보세요.

①    ②

꼭짓점의 수가 많을수록 대각선을 많이 그을 수 있어요.

3 오른쪽 육각형의 한 꼭짓점에서 그을 수 있는 대각선은 몇 개일까요?

(   )

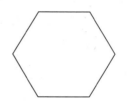

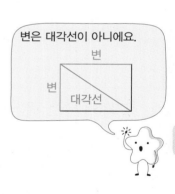

변은 대각선이 아니에요.

4 사각형을 보고 물음에 답하세요.

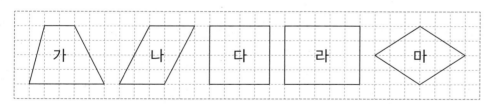

① 두 대각선의 길이가 같은 사각형을 모두 찾아 기호를 써 보세요.

(   )

② 두 대각선이 서로 수직으로 만나는 사각형을 모두 찾아 기호를 써 보세요.

(   )

3 모양 만들기, 모양 채우기

● **모양 조각 알아보기**

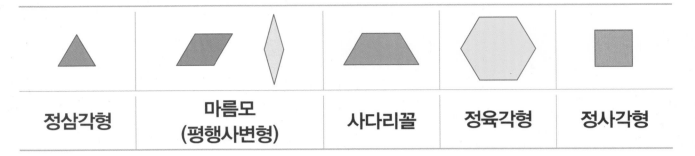

정삼각형	마름모 (평행사변형)	사다리꼴	정육각형	정사각형

● **모양 만들기**

• 1가지 모양 조각으로 사다리꼴 만들기

• 2가지 모양 조각으로 사다리꼴 만들기

● **모양 채우기**

• 1가지 모양 조각으로 정육각형 채우기

• 2가지 모양 조각으로 정육각형 채우기

• 3가지 모양 조각으로 정육각형 채우기

개념 자세히 **보기**

● **모양 조각을 사용하여 만드는 방법을 알아보아요!**

• 꼭짓점이 서로 맞닿도록 만듭니다.
• 길이가 같은 변끼리 이어 붙입니다.
• 모양 조각끼리 서로 겹치지 않게 만듭니다.
• 같은 모양 조각을 여러 번 사용할 수 있습니다.

● **돌리거나 뒤집어서 겹쳐지는 모양은 서로 같은 방법이에요!**

시계 방향으로 180°만큼 돌립니다.

◑ 정답과 풀이 45쪽

1 모양을 만드는 데 사용한 다각형을 모두 찾아 ○표 하세요.

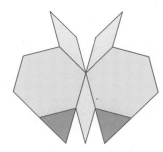

삼각형	사각형
오각형	육각형
칠각형	팔각형

2학년 때 배웠어요

삼각형 사각형
오각형 육각형

2 다각형을 사용하여 꾸민 모양을 보고 ☐ 안에 알맞은 수를 써넣으세요.

모양을 채우는 데 삼각형 ☐ 개, 사각형 ☐ 개를 사용하였습니다.

초록색 모양 조각은 삼각형, 파란색 모양 조각과 빨간색 모양 조각은 사각형이에요.

3 2가지 모양 조각을 모두 사용하여 사다리꼴을 만들어 보세요.

사다리꼴은 평행한 변이 한 쌍이라도 있는 사각형이에요.

6

4 , 모양 조각을 모두 사용하여 다음 도형을 채워 보세요.

①

②

기본기 강화 문제

① 다각형 알아보기

● 다각형의 이름을 써 보세요.

1

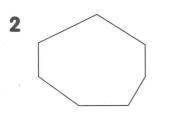

(   )

2

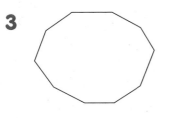

(   )

3

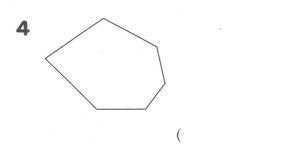

(   )

4

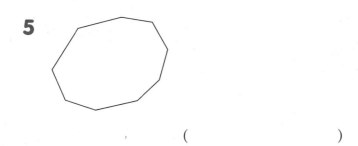

(   )

5

(   )

② 다각형 완성하기

● 점 종이에 그려진 선분을 두 변으로 하는 다각형을 완성해 보세요.

1 오각형 ➡

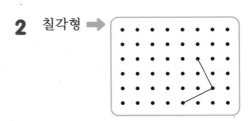

2 칠각형 ➡

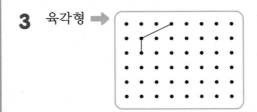

3 육각형 ➡

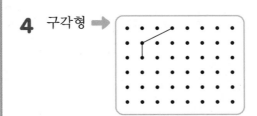

4 구각형 ➡

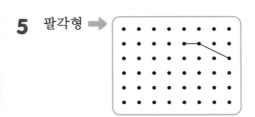

5 팔각형 ➡

③ 정다각형 알아보기

● 정다각형을 모두 찾아 기호를 써 보세요.

1

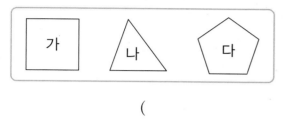

(   )

2

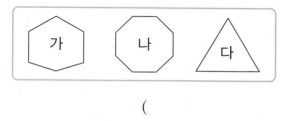

(   )

3

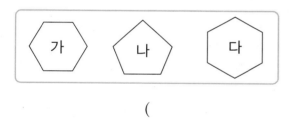

(   )

4

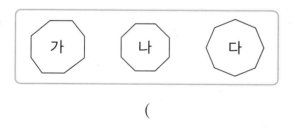

(   )

5

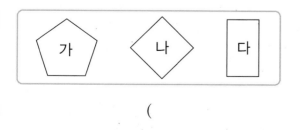

(   )

④ 정다각형의 변의 길이와 각의 크기 알아보기

● 정다각형입니다. ☐ 안에 알맞은 수를 써넣으세요.

1

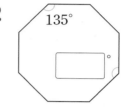

2

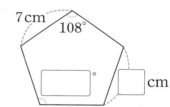

3

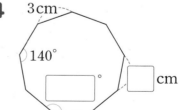

4

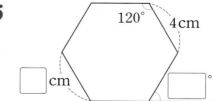

5

⑤ 정다각형의 모든 변의 길이의 합 구하기

● 정다각형입니다. 모든 변의 길이의 합을 구해 보세요.

1
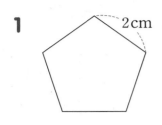
2 cm

(   )

2
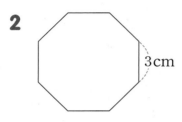
3 cm

(   )

3
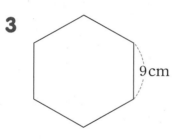
9 cm

(   )

4
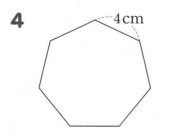
4 cm

(   )

5
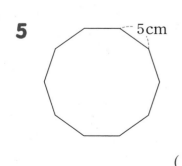
5 cm

(   )

⑥ 도형이 아닌 이유 쓰기

1 다각형이 <u>아닌</u> 이유를 써 보세요.

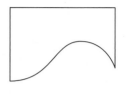

이유 _____

_____

2 정다각형이 <u>아닌</u> 이유를 써 보세요.

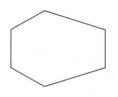

이유 _____

_____

3 다각형이 <u>아닌</u> 것을 찾고, 그 이유를 써 보세요.

답 _____

이유 _____

_____

4 정다각형이 <u>아닌</u> 것을 찾고, 그 이유를 써 보세요.

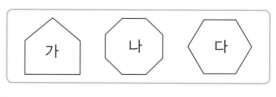

답 _____

이유 _____

7 대각선의 수 알아보기

• 도형에 대각선을 모두 긋고, 대각선의 수를 세어 보세요.

1

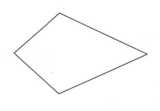

(   )

2

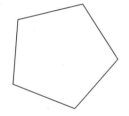

(   )

3

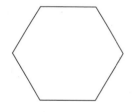

(   )

4

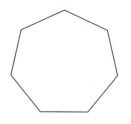

(   )

8 사각형의 대각선의 성질

• 조건에 맞는 도형을 모두 찾아 기호를 써 보세요.

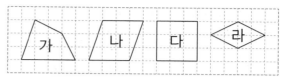

1 두 대각선이 서로 수직으로 만나는 사각형

(   )

2 두 대각선의 길이가 같은 사각형

(   )

3 두 대각선의 길이가 같고 서로 수직으로 만나는 사각형

(   )

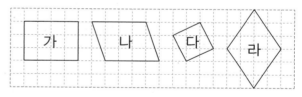

4 두 대각선이 서로 수직으로 만나는 사각형

(   )

5 두 대각선의 길이가 같은 사각형

(   )

6 두 대각선의 길이가 같고 서로 수직으로 만나는 사각형

(   )

6

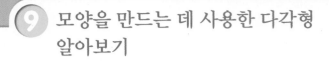

9 모양을 만드는 데 사용한 다각형 알아보기

● 다음 모양을 만들려면 보기 의 모양 조각은 몇 개 필요한지 구해 보세요.

1

(   )

2

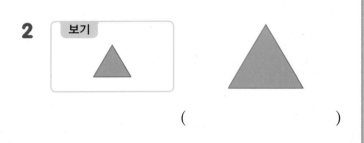

(   )

3

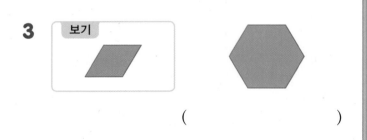

(   )

4

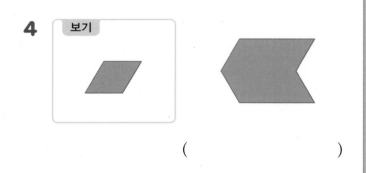

(   )

5

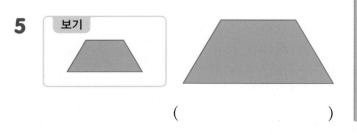

(   )

10 서로 다른 방법으로 모양 만들기

1 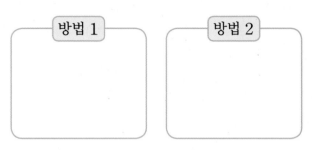 모양 조각을 모두 사용하여 서로 다른 방법으로 사다리꼴을 만들어 보세요.

방법 1	방법 2

2 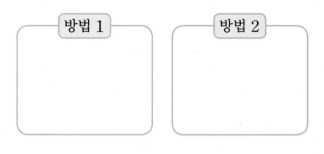 모양 조각을 모두 사용하여 서로 다른 방법으로 평행사변형을 만들어 보세요.

방법 1	방법 2

3 다음 모양 조각 중 2가지를 골라 서로 다른 방법으로 정삼각형을 만들어 보세요.

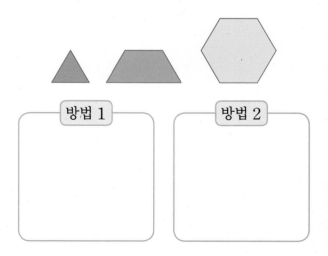

방법 1	방법 2

11 모양 채우기

● 모양 조각을 사용하여 그림을 채워 보세요.

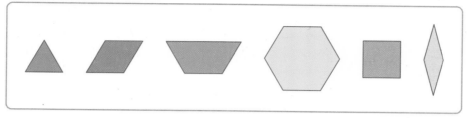

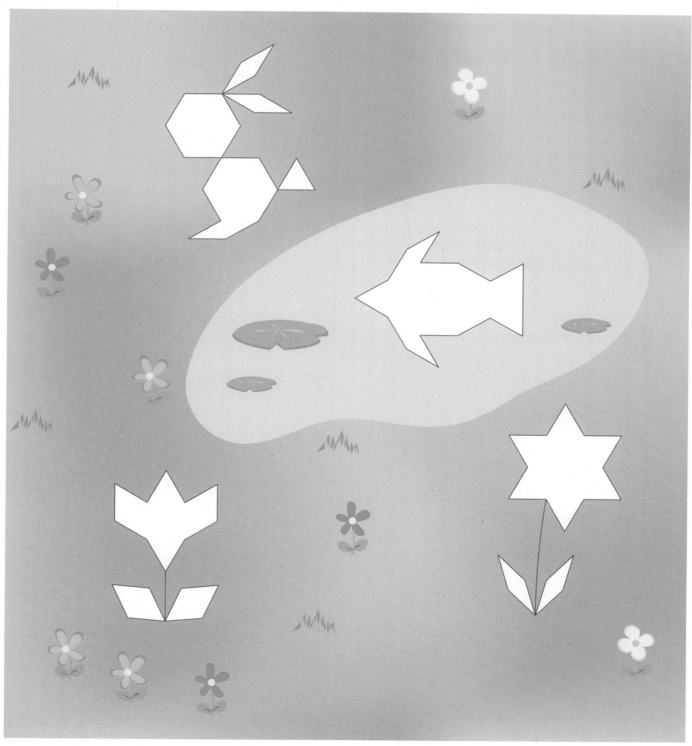

단원 평가

점수 | 확인

[1~2] 도형을 보고 물음에 답하세요.

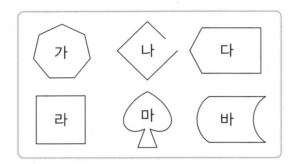

1 다각형을 모두 찾아 기호를 써 보세요.

( )

2 정다각형을 모두 찾아 기호를 써 보세요.

( )

3 정다각형의 의미를 설명하는 대화를 완성해 보세요.

채원

직사각형은 각의 크기가 모두 같아. 따라서 정다각형이라고 할 수 있지.

윤지

아니야. 정다각형은 □ 의 길이가 모두 같고, 각의 크기가 모두 같아야 해. 그런데 직사각형은 □ 의 길이가 모두 같지 않으니까 정다각형이 아니야.

4 도형판에 만든 다각형의 이름을 써 보세요.

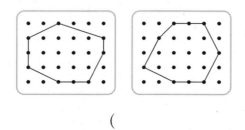

( )

5 정오각형 모양 조각을 모두 찾아 색칠해 보세요.

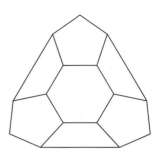

6 조건을 모두 만족하는 도형의 이름을 써 보세요.

- 8개의 선분으로 둘러싸인 도형입니다.
- 8개의 변의 길이가 모두 같고 8개의 각의 크기가 모두 같습니다.

( )

7 주어진 종이에 정육각형을 그려 보세요.

8 정팔각형의 한 각의 크기는 135°입니다. 모든 각의 크기의 합을 구해 보세요.

( )

9 사각형 ㄱㄴㄷㄹ에서 대각선을 모두 찾아 써 보세요.

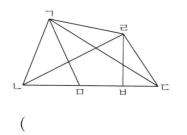

(   )

10 대각선을 바르게 그은 도형은 어느 것일까요?

(   )

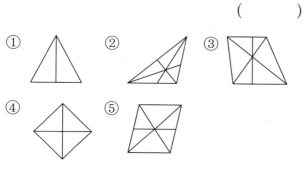

11 마름모입니다. ☐ 안에 알맞은 수를 써넣으세요.

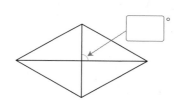

12 두 대각선이 서로 수직으로 만나는 사각형을 모두 찾아 기호를 써 보세요.

㉠ 직사각형	㉡ 마름모
㉢ 정사각형	㉣ 평행사변형

(   )

13 세 도형에 그을 수 있는 대각선의 수의 합은 몇 개인지 구해 보세요.

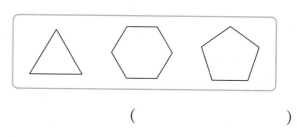

(   )

14 직사각형입니다. 선분 ㄴㄹ의 길이는 몇 cm일까요?

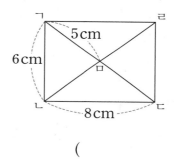

(   )

15   모양 조각을 사용하여 다음과 같은 모양을 만들려고 합니다. 필요한 모양 조각은 몇 개일까요?

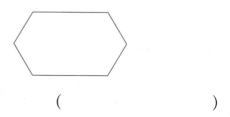

(   )

16  모양 조각을 모두 사용하여 평행

사변형을 채워 보세요.

[**17~18**] 모양 조각을 보고 물음에 답하세요.

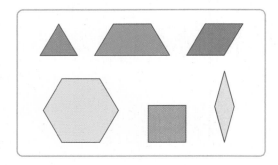

17 모양 조각을 사용하여 정육각형을 만들

어 보세요.

18 모양 조각을 모두 사용하여 주어진 모양을 채워

보세요.

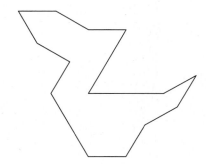

서술형 문제

19 다음 도형은 다각형이 아닙니다. 그 이유를 [보기]

와 같이 설명해 보세요.

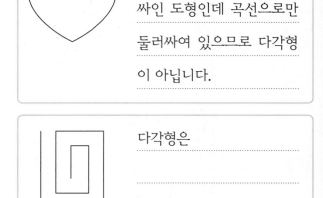

보기	
(하트 도형)	다각형은 선분으로만 둘러싸인 도형인데 곡선으로만 둘러싸여 있으므로 다각형이 아닙니다.

(도형)	다각형은

20 ㉡의 모든 변의 길이의 합은 몇 cm인지 [보기]

와 같이 풀이 과정을 쓰고 답을 구해 보세요.

	정다각형	한 변의 길이
㉠	정오각형	13 cm
㉡	정구각형	12 cm

보기

㉠ 정오각형은 5개의 변의 길이가 모두 같으

므로 모든 변의 길이의 합은

$13 \times 5 = 65$ (cm)입니다.

답   65 cm

㉡ 정구각형은

답

계산이 아닌

개념을 깨우치는

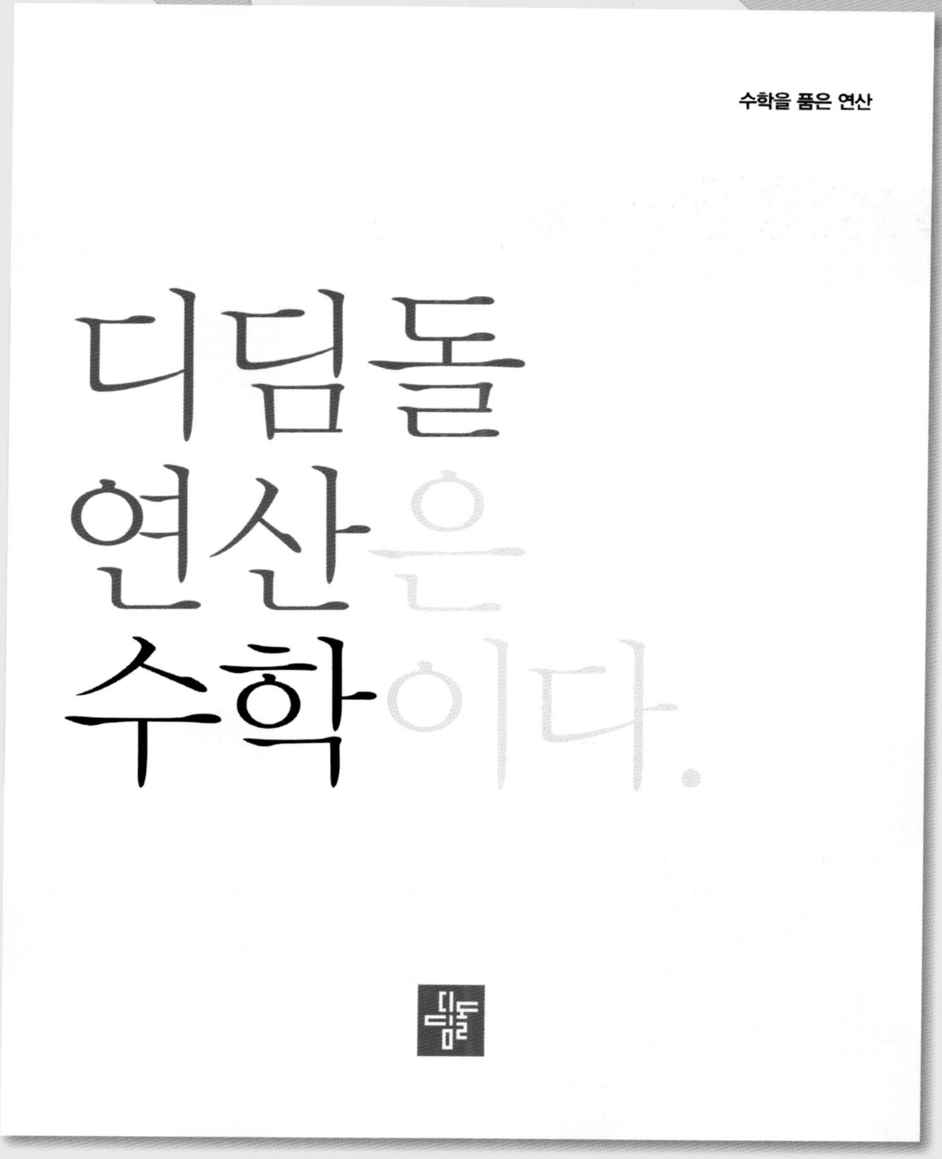

수학을 품은 연산

디딤돌
연산은
수학이다.

딤돌

1~6학년(학기용)

수학 공부의 새로운 패러다임

한걸음 한걸음 디딤돌을 걷다 보면
수학이 완성됩니다.

● **개념 다지기**
원리, 기본

● **문제해결력 강화**
문제유형, 응용

● **심화 완성**
최상위 수학S, 최상위 수학

● **연산 개념 다지기**
디딤돌 연산

● **개념+문제해결력 강화를 동시에**
기본+유형, 기본+응용

● **상위권의 힘, 사고력 강화**
최상위 사고력

개념 이해 ➤ **개념 응용** ➤ **개념 확장** ➤

학습 능력과 목표에 따라
맞춤형이 가능한 디딤돌 초등 수학

원리 | 정답과 풀이

4-2

수학 좀 한다면

디딤돌

1 분수의 덧셈과 뺄셈

1 분수의 덧셈(1)　　9쪽

① ① 예 [막대 그림]

② 4, 1, 5

② 6, 7, 13, 1, 5

③ 3, 5 / 2, 3, 5

④ ① 1, 2, 3　② 4, 4, 8, 1, 2

1 ① $\frac{4}{6}$는 $\frac{1}{6}$이 4개이므로 4칸 색칠하고, $\frac{1}{6}$은 1칸 색칠합니다.

② $4+1=5$ ➡ $\frac{4}{6}+\frac{1}{6}=\frac{5}{6}$

2 분모가 같은 진분수의 덧셈을 할 때에는 분모는 그대로 쓰고, 분자끼리 더한 후 가분수이면 대분수로 바꿉니다.

4 ① $\frac{1}{4}+\frac{2}{4}=\frac{1+2}{4}=\frac{3}{4}$

② $\frac{4}{6}+\frac{4}{6}=\frac{4+4}{6}=\frac{8}{6}=1\frac{2}{6}$

2 분수의 뺄셈(1)　　11쪽

① ① 예 [막대 그림]

② 4, 2, 2

② 8, 5, 8, 5, 3

③ 9, 4, 5 / 9, 4, 9, 4, 5

④ ① 4, 3, 1　② 6, 4, 6, 4, 2

1 ① $\frac{4}{5}$는 $\frac{1}{5}$이 4개이므로 4칸 색칠하고, $\frac{2}{5}$는 $\frac{1}{5}$이 2개이므로 2칸에 ×표 합니다.

② $4-2=2$ ➡ $\frac{4}{5}-\frac{2}{5}=\frac{2}{5}$

2 1을 분모가 8인 가분수로 바꾼 후 분모는 그대로 쓰고, 분자끼리 뺍니다.

4 ① $\frac{4}{5}-\frac{3}{5}=\frac{4-3}{5}=\frac{1}{5}$

② $1-\frac{4}{6}=\frac{6}{6}-\frac{4}{6}=\frac{6-4}{6}=\frac{2}{6}$

3 분수의 덧셈(2)

13쪽

① 2, 1, 3, 2, 3, 2

② 11, 6, 11, 6, 17, 2, 3

③ (왼쪽에서부터) 13, 12, 25 / 25, 3, 1

④ ① 3, 1, 2, 4, 2 ② 18, 27, 45, 6, 3

4 ① $2\frac{3}{6}+1\frac{5}{6}=(2+1)+(\frac{3}{6}+\frac{5}{6})=3+\frac{8}{6}$

$=3+1\frac{2}{6}=4\frac{2}{6}$

② $2\frac{4}{7}+3\frac{6}{7}=\frac{18}{7}+\frac{27}{7}=\frac{45}{7}=6\frac{3}{7}$

기본기 강화 문제

① 그림을 이용하여 진분수의 덧셈하기

14쪽

1 예  / $\frac{3}{5}$

2 예 / $\frac{7}{8}$

3 예 / $1\frac{3}{6}$

4 예 / $1\frac{3}{5}$

5 예 / $1\frac{4}{7}$

1 $\frac{2}{5}$만큼 색칠하고 이어서 $\frac{1}{5}$만큼 색칠하면 $\frac{3}{5}$이 됩니다.

2 $\frac{3}{8}$만큼 색칠하고 이어서 $\frac{4}{8}$만큼 색칠하면 $\frac{7}{8}$이 됩니다.

3 $\frac{4}{6}$만큼 색칠하고 이어서 $\frac{5}{6}$만큼 색칠하면 $\frac{9}{6}=1\frac{3}{6}$이 됩니다.

4 $\frac{4}{5}$만큼 색칠하고 이어서 $\frac{4}{5}$만큼 색칠하면 $\frac{8}{5}=1\frac{3}{5}$이 됩니다.

5 $\frac{5}{7}$만큼 색칠하고 이어서 $\frac{6}{7}$만큼 색칠하면 $\frac{11}{7}=1\frac{4}{7}$가 됩니다.

② 진분수의 덧셈 연습

14쪽

1 $\frac{5}{7}$ **2** $\frac{9}{11}$ **3** $\frac{11}{13}$ **4** $\frac{6}{10}$

5 $1\frac{1}{5}$ **6** $1\frac{4}{8}$ **7** $1\frac{4}{9}$ **8** $1\frac{2}{15}$

1 $\frac{3}{7}+\frac{2}{7}=\frac{3+2}{7}=\frac{5}{7}$

2 $\frac{4}{11}+\frac{5}{11}=\frac{4+5}{11}=\frac{9}{11}$

3 $\frac{6}{13}+\frac{5}{13}=\frac{6+5}{13}=\frac{11}{13}$

4 $\frac{3}{10}+\frac{3}{10}=\frac{3+3}{10}=\frac{6}{10}$

5 $\frac{4}{5}+\frac{2}{5}=\frac{4+2}{5}=\frac{6}{5}=1\frac{1}{5}$

6 $\frac{5}{8}+\frac{7}{8}=\frac{5+7}{8}=\frac{12}{8}=1\frac{4}{8}$

7 $\frac{5}{9}+\frac{8}{9}=\frac{5+8}{9}=\frac{13}{9}=1\frac{4}{9}$

8 $\frac{9}{15}+\frac{8}{15}=\frac{9+8}{15}=\frac{17}{15}=1\frac{2}{15}$

③ 1을 두 분수의 합으로 나타내기

15쪽

1 7 **2** 11, 5 **3** 8, 5

4 $\frac{4}{7}, \frac{3}{7}$ **5** $\frac{3}{9}, \frac{6}{9}$ **6** $\frac{6}{10}, \frac{4}{10}$

7 $\frac{5}{12}, \frac{7}{12}$ **8** $\frac{3}{5}, \frac{2}{5}$

1 $1=\frac{9}{9}$이고, $9=2+7$이므로 $1=\frac{9}{9}=\frac{2}{9}+\frac{7}{9}$

2 $1=\frac{11}{11}$이고, $11=6+5$이므로 $1=\frac{11}{11}=\frac{6}{11}+\frac{5}{11}$

3 $1=\frac{8}{8}$이고, $8=3+5$이므로 $1=\frac{8}{8}=\frac{3}{8}+\frac{5}{8}$

4 $1=\frac{7}{7}=\frac{3}{7}+\frac{4}{7}=\frac{4}{7}+\frac{3}{7}$

5 $1=\frac{9}{9}=\frac{6}{9}+\frac{3}{9}=\frac{3}{9}+\frac{6}{9}$

6 $1 = \dfrac{10}{10} = \dfrac{4}{10} + \dfrac{6}{10} = \dfrac{6}{10} + \dfrac{4}{10}$

7 $1 = \dfrac{12}{12} = \dfrac{7}{12} + \dfrac{5}{12} = \dfrac{5}{12} + \dfrac{7}{12}$

8 $1 = \dfrac{5}{5} = \dfrac{2}{5} + \dfrac{3}{5} = \dfrac{3}{5} + \dfrac{2}{5}$

---

1 분자끼리의 합이 6이므로 합이 6이 되는 두 수를 찾습니다.
➡ 1과 5, 2와 4, 3과 3, 4와 2, 5와 1

2 분자끼리의 합이 10이므로 합이 10이 되는 두 수를 찾습니다.
➡ 1과 9, 2와 8, 3과 7, 4와 6, 5와 5, 6과 4, 7과 3, 8과 2, 9와 1

3 분자끼리의 합이 8이므로 합이 8이 되는 두 수를 찾습니다.
➡ 1과 7, 2와 6, 3과 5, 4와 4, 5와 3, 6과 2, 7과 1

4 $1\dfrac{1}{13} = \dfrac{14}{13}$ 이므로 합이 14가 되는 두 수를 찾습니다.
➡ 1과 13, 2와 12, 3과 11, 4와 10, 5와 9, 6과 8, 7과 7 등

---

④ 합이 자연수인 진분수의 덧셈   15쪽

1 1	**2** 1	**3** 1	**4** 1	**5** 1
6 1	**7** 2	**8** 2	**9** 2	**10** 2

1 $\dfrac{1}{4} + \dfrac{3}{4} = \dfrac{1+3}{4} = \dfrac{4}{4} = 1$

2 $\dfrac{4}{5} + \dfrac{1}{5} = \dfrac{4+1}{5} = \dfrac{5}{5} = 1$

3 $\dfrac{2}{8} + \dfrac{6}{8} = \dfrac{2+6}{8} = \dfrac{8}{8} = 1$

4 $\dfrac{7}{10} + \dfrac{3}{10} = \dfrac{7+3}{10} = \dfrac{10}{10} = 1$

5 $\dfrac{5}{8} + \dfrac{2}{8} + \dfrac{1}{8} = \dfrac{5+2+1}{8} = \dfrac{8}{8} = 1$

6 $\dfrac{3}{15} + \dfrac{7}{15} + \dfrac{5}{15} = \dfrac{3+7+5}{15} = \dfrac{15}{15} = 1$

7 $\dfrac{6}{9} + \dfrac{7}{9} + \dfrac{5}{9} = \dfrac{6+7+5}{9} = \dfrac{18}{9} = 2$

8 $\dfrac{10}{11} + \dfrac{8}{11} + \dfrac{4}{11} = \dfrac{10+8+4}{11} = \dfrac{22}{11} = 2$

9 $\dfrac{4}{7} + \dfrac{6}{7} + \dfrac{4}{7} = \dfrac{4+6+4}{7} = \dfrac{14}{7} = 2$

10 $\dfrac{18}{20} + \dfrac{14}{20} + \dfrac{8}{20} = \dfrac{18+14+8}{20} = \dfrac{40}{20} = 2$

---

⑤ 여러 가지 분수의 합으로 나타내기   16쪽

1 4 / 3 / 예 4, 2   **2** 7 / 4 / 예 $\dfrac{5}{11}$, $\dfrac{5}{11}$

3 1 / 6 / 예 $\dfrac{5}{9}$, $\dfrac{3}{9}$ **4** 9 / 4 / 예 $\dfrac{3}{13}$, $\dfrac{11}{13}$

---

⑥ 수직선을 이용하여 진분수의 뺄셈하기   16쪽

1 4 / 7, 3, 4	**2** 2 / 6, 4, 2
3 4 / 6, 2, 6, 2, 4	**4** 5 / 10, 5, 10, 5, 5

3 1을 $\dfrac{6}{6}$ 으로 바꾼 후 분모는 그대로 쓰고, 분자끼리 뺍니다.

4 1을 $\dfrac{10}{10}$ 으로 바꾼 후 분모는 그대로 쓰고, 분자끼리 뺍니다.

---

⑦ 진분수의 뺄셈 연습   17쪽

1 $\dfrac{4}{8}$	**2** $\dfrac{4}{9}$	**3** $\dfrac{3}{11}$	**4** $\dfrac{5}{10}$
5 $\dfrac{6}{8}$	**6** $\dfrac{1}{7}$	**7** $\dfrac{9}{18}$	**8** $\dfrac{12}{27}$

1 $\dfrac{5}{8} - \dfrac{1}{8} = \dfrac{5-1}{8} = \dfrac{4}{8}$

2 $\dfrac{6}{9} - \dfrac{2}{9} = \dfrac{6-2}{9} = \dfrac{4}{9}$

3 $\dfrac{7}{11} - \dfrac{4}{11} = \dfrac{7-4}{11} = \dfrac{3}{11}$

4 $\dfrac{7}{10} - \dfrac{2}{10} = \dfrac{7-2}{10} = \dfrac{5}{10}$

5 $1-\dfrac{2}{8}=\dfrac{8}{8}-\dfrac{2}{8}=\dfrac{8-2}{8}=\dfrac{6}{8}$

6 $1-\dfrac{6}{7}=\dfrac{7}{7}-\dfrac{6}{7}=\dfrac{7-6}{7}=\dfrac{1}{7}$

7 $1-\dfrac{9}{18}=\dfrac{18}{18}-\dfrac{9}{18}=\dfrac{18-9}{18}=\dfrac{9}{18}$

8 $1-\dfrac{15}{27}=\dfrac{27}{27}-\dfrac{15}{27}=\dfrac{27-15}{27}=\dfrac{12}{27}$

⑧ 계산 결과를 찾아 이어 보기 17쪽

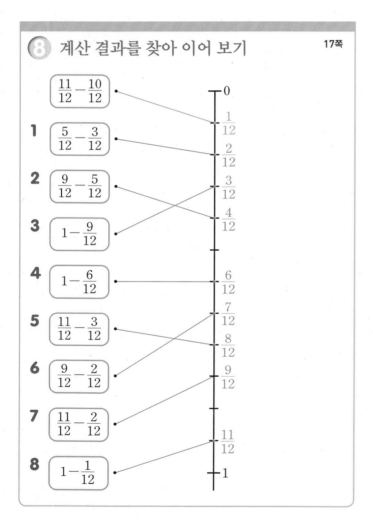

3 $1-\dfrac{9}{12}=\dfrac{12}{12}-\dfrac{9}{12}=\dfrac{3}{12}$

4 $1-\dfrac{6}{12}=\dfrac{12}{12}-\dfrac{6}{12}=\dfrac{6}{12}$

8 $1-\dfrac{1}{12}=\dfrac{12}{12}-\dfrac{1}{12}=\dfrac{11}{12}$

⑨ 다르면서 같은 진분수의 뺄셈 18쪽

1 $\dfrac{2}{8}\,/\,\dfrac{2}{8}\,/\,\dfrac{2}{8}$ **2** $\dfrac{3}{7}\,/\,\dfrac{3}{7}\,/\,\dfrac{3}{7}$

3 $\dfrac{2}{9}\,/\,\dfrac{2}{9}\,/\,\dfrac{2}{9}$ **4** $\dfrac{3}{12}\,/\,\dfrac{3}{12}\,/\,\dfrac{3}{12}$

5 $\dfrac{1}{10}\,/\,\dfrac{1}{10}\,/\,\dfrac{1}{10}$ **6** $\dfrac{4}{14}\,/\,\dfrac{4}{14}\,/\,\dfrac{4}{14}$

7 $\dfrac{9}{24}\,/\,\dfrac{9}{24}\,/\,\dfrac{9}{24}$ **8** $\dfrac{6}{28}\,/\,\dfrac{6}{28}\,/\,\dfrac{6}{28}$

1~4 빼지는 수와 빼는 수의 분자가 1씩 커지면 계산 결과가 같습니다.

5~8 빼지는 수와 빼는 수의 분자가 1씩 작아지면 계산 결과가 같습니다.

⑩ 계산 결과 어림하기(1) 18쪽

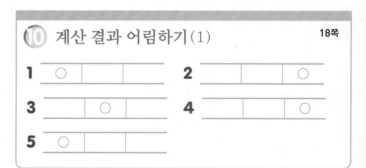

1 $1\dfrac{3}{6}+1\dfrac{2}{6}$는 $1+1=2$이고, 분수 부분끼리 더하면 1보다 작으므로 계산 결과는 2와 3 사이입니다.

2 $1\dfrac{2}{7}+2\dfrac{3}{7}$은 $1+2=3$이고, 분수 부분끼리 더하면 1보다 작으므로 계산 결과는 3과 4 사이입니다.

3 $2\dfrac{9}{13}+1\dfrac{7}{13}$은 $2+1=3$이고, 분수 부분끼리 더하면 1보다 크므로 계산 결과는 4와 5 사이입니다.

4 $4\dfrac{7}{14}+1\dfrac{9}{14}$는 $4+1=5$이고, 분수 부분끼리 더하면 1보다 크므로 계산 결과는 6과 7 사이입니다.

5 $5\dfrac{4}{10}+2\dfrac{3}{10}$은 $5+2=7$이고, 분수 부분끼리 더하면 1보다 작으므로 계산 결과는 7과 8 사이입니다.

⑪ 그림을 이용하여 대분수의 덧셈하기 19쪽

1 예)  / $2\dfrac{2}{3}$

2 예) / $2\dfrac{3}{5}$

3 예) / $3\dfrac{1}{4}$

4 예) / $3\dfrac{2}{6}$

⑫ 대분수의 덧셈 연습(1) 19쪽

1 $2\dfrac{5}{9}+2\dfrac{2}{9}=\dfrac{23}{9}+\dfrac{20}{9}=\dfrac{43}{9}=4\dfrac{7}{9}$

2 $3\dfrac{6}{12}+2\dfrac{3}{12}=\dfrac{42}{12}+\dfrac{27}{12}=\dfrac{69}{12}=5\dfrac{9}{12}$

3 $1\dfrac{11}{16}+5\dfrac{3}{16}=\dfrac{27}{16}+\dfrac{83}{16}=\dfrac{110}{16}=6\dfrac{14}{16}$

4 $1\dfrac{5}{8}+2\dfrac{6}{8}=\dfrac{13}{8}+\dfrac{22}{8}=\dfrac{35}{8}=4\dfrac{3}{8}$

5 $2\dfrac{8}{11}+2\dfrac{6}{11}=\dfrac{30}{11}+\dfrac{28}{11}=\dfrac{58}{11}=5\dfrac{3}{11}$

6 $3\dfrac{13}{15}+2\dfrac{9}{15}=\dfrac{58}{15}+\dfrac{39}{15}=\dfrac{97}{15}=6\dfrac{7}{15}$

7 $1\dfrac{5}{6}+2\dfrac{4}{6}=\dfrac{11}{6}+\dfrac{16}{6}=\dfrac{27}{6}=4\dfrac{3}{6}$

⑬ 대분수의 덧셈 연습(2) 20쪽

1 $5\dfrac{4}{6}$ 2 $5\dfrac{7}{8}$ 3 $4\dfrac{7}{9}$

4 $8\dfrac{3}{4}$ 5 $5\dfrac{1}{5}$ 6 $4\dfrac{2}{10}$

7 $7\dfrac{3}{17}$ 8 $5\dfrac{1}{13}$

1 $3\dfrac{3}{6}+2\dfrac{1}{6}=(3+2)+(\dfrac{3}{6}+\dfrac{1}{6})=5+\dfrac{4}{6}=5\dfrac{4}{6}$

2 $4\dfrac{5}{8}+1\dfrac{2}{8}=(4+1)+(\dfrac{5}{8}+\dfrac{2}{8})=5+\dfrac{7}{8}=5\dfrac{7}{8}$

---

3 $1\dfrac{3}{9}+3\dfrac{4}{9}=(1+3)+(\dfrac{3}{9}+\dfrac{4}{9})=4+\dfrac{7}{9}=4\dfrac{7}{9}$

4 $3\dfrac{1}{4}+5\dfrac{2}{4}=(3+5)+(\dfrac{1}{4}+\dfrac{2}{4})=8+\dfrac{3}{4}=8\dfrac{3}{4}$

5 $2\dfrac{3}{5}+2\dfrac{3}{5}=(2+2)+(\dfrac{3}{5}+\dfrac{3}{5})$
$=4+\dfrac{6}{5}=4+1\dfrac{1}{5}=5\dfrac{1}{5}$

6 $1\dfrac{8}{10}+2\dfrac{4}{10}=(1+2)+(\dfrac{8}{10}+\dfrac{4}{10})$
$=3+\dfrac{12}{10}=3+1\dfrac{2}{10}=4\dfrac{2}{10}$

7 $2\dfrac{14}{17}+4\dfrac{6}{17}=(2+4)+(\dfrac{14}{17}+\dfrac{6}{17})$
$=6+\dfrac{20}{17}=6+1\dfrac{3}{17}=7\dfrac{3}{17}$

8 $3\dfrac{9}{13}+1\dfrac{5}{13}=(3+1)+(\dfrac{9}{13}+\dfrac{5}{13})$
$=4+\dfrac{14}{13}=4+1\dfrac{1}{13}=5\dfrac{1}{13}$

⑭ □ 안에 알맞은 자연수 구하기 20쪽

1 1, 2, 3   2 1, 2   3 1, 2
4 1, 2, 3   5 1, 2, 3, 4

1 $\dfrac{1}{5}+\dfrac{3}{5}=\dfrac{4}{5}>\dfrac{\square}{5}$ 이므로 $4>\square$ 입니다.
따라서 □ 안에 들어갈 수 있는 자연수는 1, 2, 3입니다.

2 $1-\dfrac{4}{7}=\dfrac{7}{7}-\dfrac{4}{7}=\dfrac{3}{7}>\dfrac{\square}{7}$ 이므로 $3>\square$ 입니다.
따라서 □ 안에 들어갈 수 있는 자연수는 1, 2입니다.

3 $\dfrac{\square}{13}+\dfrac{9}{13}=\dfrac{\square+9}{13}<\dfrac{12}{13}$ 이므로 $\square+9<12$ 입니다.
따라서 □ 안에 들어갈 수 있는 자연수는 1, 2입니다.

4 $\dfrac{8}{12}-\dfrac{\square}{12}=\dfrac{8-\square}{12}>\dfrac{4}{12}$ 이므로 $8-\square>4$ 입니다.
따라서 □ 안에 들어갈 수 있는 자연수는 1, 2, 3입니다.

5 $1\dfrac{7}{9}+\dfrac{\square}{9}=\dfrac{16}{9}+\dfrac{\square}{9}=\dfrac{16+\square}{9}$ 이고 $2\dfrac{3}{9}=\dfrac{21}{9}$ 이므로
$16+\square<21$ 입니다. 따라서 □ 안에 들어갈 수 있는 자연수는 1, 2, 3, 4입니다.

⑮ 세 수의 합이 같도록 빈칸 채우기

1 (위에서부터) $\dfrac{2}{9}$, $\dfrac{4}{9}$ / $\dfrac{5}{9}$ / $\dfrac{2}{9}$

2 (위에서부터) $\dfrac{5}{10}$, $\dfrac{2}{10}$, $\dfrac{3}{10}$ / $\dfrac{1}{10}$

3 (위에서부터) $1\dfrac{1}{5}$, $1\dfrac{1}{5}$, $2\dfrac{2}{5}$ / $\dfrac{4}{5}$

4 (위에서부터) $\dfrac{2}{8}$, $1\dfrac{3}{8}$ / $\dfrac{3}{8}$, $\dfrac{3}{8}$

1

$\dfrac{3}{9}$	②	④
$\dfrac{1}{9}$	①	$\dfrac{3}{9}$
$\dfrac{5}{9}$	$\dfrac{2}{9}$	③

(세 수의 합)$=\dfrac{3}{9}+\dfrac{1}{9}+\dfrac{5}{9}=\dfrac{9}{9}=1$

$\dfrac{1}{9}+①+\dfrac{3}{9}=\dfrac{9}{9}$, $\dfrac{4}{9}+①=\dfrac{9}{9}$ ➡ $①=\dfrac{5}{9}$

$\dfrac{2}{9}+①+②=\dfrac{9}{9}$, $\dfrac{2}{9}+\dfrac{5}{9}+②=\dfrac{9}{9}$, $\dfrac{7}{9}+②=\dfrac{9}{9}$

➡ $②=\dfrac{2}{9}$

$\dfrac{5}{9}+\dfrac{2}{9}+③=\dfrac{9}{9}$, $\dfrac{7}{9}+③=\dfrac{9}{9}$ ➡ $③=\dfrac{2}{9}$

$③+\dfrac{3}{9}+④=\dfrac{9}{9}$, $\dfrac{2}{9}+\dfrac{3}{9}+④=\dfrac{9}{9}$, $\dfrac{5}{9}+④=\dfrac{9}{9}$

➡ $④=\dfrac{4}{9}$

2

$\dfrac{1}{10}$	$\dfrac{7}{10}$	$\dfrac{2}{10}$
①	④	③
$\dfrac{4}{10}$	②	$\dfrac{5}{10}$

(세 수의 합)$=\dfrac{1}{10}+\dfrac{7}{10}+\dfrac{2}{10}=\dfrac{10}{10}=1$

$\dfrac{1}{10}+①+\dfrac{4}{10}=\dfrac{10}{10}$, $\dfrac{5}{10}+①=\dfrac{10}{10}$ ➡ $①=\dfrac{5}{10}$

$\dfrac{4}{10}+②+\dfrac{5}{10}=\dfrac{10}{10}$, $\dfrac{9}{10}+②=\dfrac{10}{10}$ ➡ $②=\dfrac{1}{10}$

$\dfrac{2}{10}+③+\dfrac{5}{10}=\dfrac{10}{10}$, $\dfrac{7}{10}+③=\dfrac{10}{10}$ ➡ $③=\dfrac{3}{10}$

$②+④+\dfrac{7}{10}=\dfrac{10}{10}$, $\dfrac{1}{10}+④+\dfrac{7}{10}=\dfrac{10}{10}$,

$\dfrac{8}{10}+④=\dfrac{10}{10}$ ➡ $④=\dfrac{2}{10}$

3

$1\dfrac{2}{5}$	$2\dfrac{4}{5}$	$\dfrac{3}{5}$
③	④	②
$2\dfrac{1}{5}$	①	$1\dfrac{4}{5}$

(세 수의 합)$=1\dfrac{2}{5}+2\dfrac{4}{5}+\dfrac{3}{5}=3\dfrac{9}{5}=4\dfrac{4}{5}$

$2\dfrac{1}{5}+①+1\dfrac{4}{5}=4\dfrac{4}{5}$, $4+①=4\dfrac{4}{5}$ ➡ $①=\dfrac{4}{5}$

$\dfrac{3}{5}+②+1\dfrac{4}{5}=4\dfrac{4}{5}$, $②+2\dfrac{2}{5}=4\dfrac{4}{5}$ ➡ $②=2\dfrac{2}{5}$

$1\dfrac{2}{5}+③+2\dfrac{1}{5}=4\dfrac{4}{5}$, $3\dfrac{3}{5}+③=4\dfrac{4}{5}$ ➡ $③=1\dfrac{1}{5}$

$2\dfrac{4}{5}+④+①=4\dfrac{4}{5}$, $2\dfrac{4}{5}+④+\dfrac{4}{5}=4\dfrac{4}{5}$,

$3\dfrac{3}{5}+④=4\dfrac{4}{5}$ ➡ $④=1\dfrac{1}{5}$

4

$1\dfrac{2}{8}$	$\dfrac{4}{8}$	$\dfrac{2}{8}$
$\dfrac{3}{8}$	②	④
①	$1\dfrac{2}{8}$	③

(세 수의 합)$=1\dfrac{2}{8}+\dfrac{4}{8}+\dfrac{2}{8}=1\dfrac{8}{8}=2$

$1\dfrac{2}{8}+\dfrac{3}{8}+①=1\dfrac{8}{8}$, $1\dfrac{5}{8}+①=1\dfrac{8}{8}$ ➡ $①=\dfrac{3}{8}$

$\dfrac{4}{8}+②+1\dfrac{2}{8}=1\dfrac{8}{8}$, $1\dfrac{6}{8}+②=1\dfrac{8}{8}$ ➡ $②=\dfrac{2}{8}$

$①+1\dfrac{2}{8}+③=1\dfrac{8}{8}$, $\dfrac{3}{8}+1\dfrac{2}{8}+③=1\dfrac{8}{8}$,

$1\dfrac{5}{8}+③=1\dfrac{8}{8}$ ➡ $③=\dfrac{3}{8}$

$\dfrac{2}{8}+④+③=1\dfrac{8}{8}$, $\dfrac{2}{8}+④+\dfrac{3}{8}=1\dfrac{8}{8}$,

$\dfrac{5}{8}+④=1\dfrac{8}{8}$ ➡ $④=1\dfrac{3}{8}$

4 분수의 뺄셈(2)

① 1, 1, 1, 4, 1, 4

② 2, 3, 2, 3, 1, 2, 1, 2

③ (왼쪽에서부터) 35, 28, 7 / 7, 1, 2

④ ① 2, 1, 5, 3, 1, 2, 1, 2   ② 4, 9, 4, 9, 2, 5, 2, 5

1 자연수 부분끼리 빼고, 분수 부분끼리 뺍니다.

4 ① $2\frac{5}{7}-1\frac{3}{7}=(2-1)+\left(\frac{5}{7}-\frac{3}{7}\right)=1+\frac{2}{7}=1\frac{2}{7}$

② $5-2\frac{4}{9}=4\frac{9}{9}-2\frac{4}{9}$

$\qquad =(4-2)+\left(\frac{9}{9}-\frac{4}{9}\right)=2+\frac{5}{9}=2\frac{5}{9}$

---

5 분수의 뺄셈(3)　　　　25쪽

① 2, 4, 1, 2

② 11, 1, 11, 1, 6, 1, 6

③ 53, 20, 33, 4, 5

④ ① 10, 2, 5　② 43, 26, 17, 1, 7

2 $3\frac{2}{9}=3+\frac{2}{9}=2+1+\frac{2}{9}=2+\frac{9}{9}+\frac{2}{9}$

$\qquad =2+\frac{11}{9}=2\frac{11}{9}$

4 ① $5\frac{2}{8}-2\frac{5}{8}=4\frac{10}{8}-2\frac{5}{8}=2\frac{5}{8}$

② $4\frac{3}{10}-2\frac{6}{10}=\frac{43}{10}-\frac{26}{10}=\frac{17}{10}=1\frac{7}{10}$

기본기 강화 문제

16 계산 결과 어림하기(2)　　　　26쪽

1 |　|　| ◯ |　　**2** |　| ◯ |　|

3 |　|　| ◯ |　　**4** |　|　| ◯ |　|

5 |　|　| ◯ |

1 $6\frac{3}{4}-5\frac{1}{4}$은 $6-5=1$이고 분수 부분끼리 뺄 수 있으므로 계산 결과는 1과 2 사이입니다.

2 $4\frac{4}{7}-2\frac{2}{7}$는 $4-2=2$이고 분수 부분끼리 뺄 수 있으므로 계산 결과는 2와 3 사이입니다.

---

3 $5-3\frac{5}{6}$는 5에서 3을 뺀 다음 $\frac{5}{6}$를 더 빼야 하므로 계산 결과는 1과 2 사이입니다.

4 $6\frac{3}{8}-2\frac{6}{8}$은 $6-2=4$이고, 분수 부분끼리 뺄 수 없으므로 계산 결과는 3과 4 사이입니다.

5 $6-1\frac{2}{8}$는 6에서 1을 뺀 다음 $\frac{2}{8}$를 더 빼야 하므로 계산 결과는 4와 5 사이입니다.

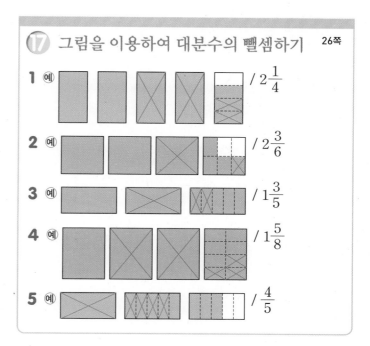

17 그림을 이용하여 대분수의 뺄셈하기　　　26쪽

1 (예)　/ $2\frac{1}{4}$

2 (예)　/ $2\frac{3}{6}$

3 (예)　/ $1\frac{3}{5}$

4 (예)　/ $1\frac{5}{8}$

5 (예)　/ $\frac{4}{5}$

1 $4\frac{3}{4}$만큼 색칠된 것에 $2\frac{2}{4}$만큼 $\times$표 하면 $2\frac{1}{4}$이 남습니다.

2 $3\frac{4}{6}$만큼 색칠된 것에 $1\frac{1}{6}$만큼 $\times$표 하면 $2\frac{3}{6}$이 남습니다.

3 3만큼 색칠된 것에 $1\frac{2}{5}$만큼 $\times$표 하면 $1\frac{3}{5}$이 남습니다.

4 4만큼 색칠된 것에 $2\frac{3}{8}$만큼 $\times$표 하면 $1\frac{5}{8}$가 남습니다.

5 $2\frac{3}{5}$만큼 색칠된 것에 $1\frac{4}{5}$만큼 $\times$표 하면 $\frac{4}{5}$가 남습니다.

⑱ 대분수의 뺄셈 연습(1)

1 $5\frac{4}{6}-1\frac{1}{6}=\frac{34}{6}-\frac{7}{6}=\frac{27}{6}=4\frac{3}{6}$

2 $3\frac{4}{7}-1\frac{3}{7}=\frac{25}{7}-\frac{10}{7}=\frac{15}{7}=2\frac{1}{7}$

3 $9\frac{2}{8}-2\frac{1}{8}=\frac{74}{8}-\frac{17}{8}=\frac{57}{8}=7\frac{1}{8}$

4 $6\frac{8}{15}-3\frac{11}{15}=\frac{98}{15}-\frac{56}{15}=\frac{42}{15}=2\frac{12}{15}$

5 $7\frac{1}{9}-4\frac{2}{9}=\frac{64}{9}-\frac{38}{9}=\frac{26}{9}=2\frac{8}{9}$

6 $7\frac{5}{10}-3\frac{9}{10}=\frac{75}{10}-\frac{39}{10}=\frac{36}{10}=3\frac{6}{10}$

7 $4\frac{3}{12}-1\frac{11}{12}=\frac{51}{12}-\frac{23}{12}=\frac{28}{12}=2\frac{4}{12}$

⑲ 대분수의 뺄셈 연습(2)

1 $3\frac{4}{8}$ **2** $2\frac{3}{9}$ **3** $2\frac{1}{7}$ **4** $3\frac{1}{6}$

5 $3\frac{4}{9}$ **6** $3\frac{4}{11}$ **7** $2\frac{6}{10}$ **8** $1\frac{11}{13}$

1 $5\frac{7}{8}-2\frac{3}{8}=3+\frac{4}{8}=3\frac{4}{8}$

2 $4\frac{8}{9}-2\frac{5}{9}=2+\frac{3}{9}=2\frac{3}{9}$

3 $3\frac{6}{7}-1\frac{5}{7}=2+\frac{1}{7}=2\frac{1}{7}$

4 $4-\frac{5}{6}=3\frac{6}{6}-\frac{5}{6}=3\frac{1}{6}$

5 $7-3\frac{5}{9}=6\frac{9}{9}-3\frac{5}{9}=3\frac{4}{9}$

6 $10-6\frac{7}{11}=9\frac{11}{11}-6\frac{7}{11}=3\frac{4}{11}$

7 $6\frac{3}{10}-3\frac{7}{10}=5\frac{13}{10}-3\frac{7}{10}=2\frac{6}{10}$

8 $7\frac{5}{13}-5\frac{7}{13}=6\frac{18}{13}-5\frac{7}{13}=1\frac{11}{13}$

⑳ 여러 가지 분수의 뺄셈

1 $3\frac{1}{5}$ / $3\frac{2}{5}$ / $3\frac{3}{5}$ **2** $2\frac{7}{11}$ / $2\frac{6}{11}$ / $2\frac{5}{11}$

3 $2\frac{4}{9}$ / $2\frac{3}{9}$ / $2\frac{2}{9}$ **4** $2\frac{2}{6}$ / $2\frac{3}{6}$ / $2\frac{4}{6}$

2 $4\frac{5}{11}-1\frac{9}{11}=3\frac{16}{11}-1\frac{9}{11}=2\frac{7}{11}$

$4\frac{4}{11}-1\frac{9}{11}=3\frac{15}{11}-1\frac{9}{11}=2\frac{6}{11}$

$4\frac{3}{11}-1\frac{9}{11}=3\frac{14}{11}-1\frac{9}{11}=2\frac{5}{11}$

> **참고** 빼지는 수의 분자가 1씩 작아지면 계산 결과의 분자도 1씩 작아집니다.

4 $5\frac{1}{6}-2\frac{5}{6}=4\frac{7}{6}-2\frac{5}{6}=2\frac{2}{6}$

$5\frac{1}{6}-2\frac{4}{6}=4\frac{7}{6}-2\frac{4}{6}=2\frac{3}{6}$

$5\frac{1}{6}-2\frac{3}{6}=4\frac{7}{6}-2\frac{3}{6}=2\frac{4}{6}$

> **참고** 빼는 수의 분자가 1씩 작아지면 계산 결과의 분자는 1씩 커집니다.

㉑ 0이 되는 식 만들기

1 $1\frac{2}{7}$ **2** $1\frac{4}{8}$ **3** $2\frac{3}{5}$ **4** $\frac{5}{7}$

5 $1\frac{6}{8}$ **6** $1\frac{5}{7}$ **7** $2\frac{3}{15}$ **8** $2\frac{11}{14}$

9 $6\frac{4}{10}$ **10** $2\frac{2}{9}$

1 $1\frac{5}{7}-\frac{3}{7}-\square=0$, $1\frac{2}{7}-\square=0 \Rightarrow \square=1\frac{2}{7}$

2 $3-1\frac{4}{8}-\square=0$, $2\frac{8}{8}-1\frac{4}{8}-\square=0$,

$1\frac{4}{8}-\square=0 \Rightarrow \square=1\frac{4}{8}$

3 $\square-1\frac{1}{5}-1\frac{2}{5}=0$, $\square=1\frac{1}{5}+1\frac{2}{5} \Rightarrow \square=2\frac{3}{5}$

4 $2\frac{1}{7}-1\frac{3}{7}-\square=0$, $1\frac{8}{7}-1\frac{3}{7}-\square=0$,

$\frac{5}{7}-\square=0 \Rightarrow \square=\frac{5}{7}$

5 $3\frac{2}{8}-1\frac{4}{8}-\square=0$, $2\frac{10}{8}-1\frac{4}{8}-\square=0$,

$1\frac{6}{8}-\square=0 \Rightarrow \square=1\frac{6}{8}$

6 $2\frac{4}{7}-\frac{6}{7}-\square=0$, $1\frac{11}{7}-\frac{6}{7}-\square=0$,

$1\frac{5}{7}-\square=0 \Rightarrow \square=1\frac{5}{7}$

7 $3\frac{12}{15}-\square-1\frac{9}{15}=0$, $2\frac{3}{15}-\square=0 \Rightarrow \square=2\frac{3}{15}$

8 $5-2\frac{3}{14}-\square=0$, $4\frac{14}{14}-2\frac{3}{14}-\square=0$,

$2\frac{11}{14}-\square=0 \Rightarrow \square=2\frac{11}{14}$

9 $\square-1\frac{9}{10}-4\frac{5}{10}=0$, $\square=1\frac{9}{10}+4\frac{5}{10}$

$\Rightarrow \square=6\frac{4}{10}$

10 $4-\square-1\frac{7}{9}=0$, $\square=4-1\frac{7}{9}$,

$\square=3\frac{9}{9}-1\frac{7}{9} \Rightarrow \square=2\frac{2}{9}$

㉒ 계산 결과의 크기 비교하기 29쪽

1 <　　　**2** >　　　**3** <　　　**4** >

5 <　　　**6** >　　　**7** >　　　**8** <

1 $3\frac{6}{7}-1\frac{4}{7}=2\frac{2}{7}$, $6\frac{3}{7}-2\frac{2}{7}=4\frac{1}{7} \Rightarrow 2\frac{2}{7}<4\frac{1}{7}$

2 $4\frac{4}{5}-1\frac{1}{5}=3\frac{3}{5}$, $3\frac{4}{5}-\frac{3}{5}=3\frac{1}{5} \Rightarrow 3\frac{3}{5}>3\frac{1}{5}$

3 $7-3\frac{9}{12}=6\frac{12}{12}-3\frac{9}{12}=3\frac{3}{12}$

$8-4\frac{5}{12}=7\frac{12}{12}-4\frac{5}{12}=3\frac{7}{12}$

$\Rightarrow 3\frac{3}{12}<3\frac{7}{12}$

4 $6\frac{2}{9}-1\frac{1}{9}=5\frac{1}{9}$, $7\frac{1}{9}-2\frac{8}{9}=6\frac{10}{9}-2\frac{8}{9}=4\frac{2}{9}$

$\Rightarrow 5\frac{1}{9}>4\frac{2}{9}$

---

5 $3\frac{4}{11}-1\frac{5}{11}=2\frac{15}{11}-1\frac{5}{11}=1\frac{10}{11}$

$4\frac{3}{11}-1\frac{10}{11}=3\frac{14}{11}-1\frac{10}{11}=2\frac{4}{11}$

$\Rightarrow 1\frac{10}{11}<2\frac{4}{11}$

6 $5\frac{13}{18}-4\frac{5}{18}=1\frac{8}{18}$, $4\frac{7}{18}-3\frac{5}{18}=1\frac{2}{18}$

$\Rightarrow 1\frac{8}{18}>1\frac{2}{18}$

7 $5-\frac{7}{8}=4\frac{8}{8}-\frac{7}{8}=4\frac{1}{8}$

$9\frac{1}{8}-5\frac{6}{8}=8\frac{9}{8}-5\frac{6}{8}=3\frac{3}{8}$

$\Rightarrow 4\frac{1}{8}>3\frac{3}{8}$

8 $4\frac{1}{6}-1\frac{5}{6}=3\frac{7}{6}-1\frac{5}{6}=2\frac{2}{6}$

$5\frac{2}{6}-1\frac{4}{6}=4\frac{8}{6}-1\frac{4}{6}=3\frac{4}{6}$

$\Rightarrow 2\frac{2}{6}<3\frac{4}{6}$

㉓ 계산 결과가 가장 큰 뺄셈식 만들기 29쪽

1 5, 1 / $2\frac{4}{9}$　　　　**2** 7, 4 / $2\frac{3}{8}$

3 8, 2 / $3\frac{6}{13}$　　　　**4** 1, 5 / $4\frac{2}{7}$

5 2, 4 / $1\frac{11}{15}$　　　　**6** 2, 3 / $2\frac{6}{9}$

1 계산 결과가 가장 크려면 빼지는 수의 분자에 가장 큰 수를, 빼는 수의 분자에 가장 작은 수를 써야 합니다.
$1<3<5$이므로 계산 결과가 가장 큰 뺄셈식은
$5\frac{5}{9}-3\frac{1}{9}=2\frac{4}{9}$입니다.

2 $4<6<7$이므로 계산 결과가 가장 큰 뺄셈식은
$3\frac{7}{8}-1\frac{4}{8}=2\frac{3}{8}$입니다.

3 $2<5<8$이므로 계산 결과가 가장 큰 뺄셈식은
$7\frac{8}{13}-4\frac{2}{13}=3\frac{6}{13}$입니다.

4 계산 결과가 가장 크려면 빼는 수가 가장 작아야 합니다.
$1<5<6$이므로 계산 결과가 가장 큰 뺄셈식은
$6-1\frac{5}{7}=5\frac{7}{7}-1\frac{5}{7}=4\frac{2}{7}$입니다.

5 $2<4<7$이므로 계산 결과가 가장 큰 뺄셈식은
$4-2\frac{4}{15}=3\frac{15}{15}-2\frac{4}{15}=1\frac{11}{15}$입니다.

6 $2<3<4$이므로 계산 결과가 가장 큰 뺄셈식은
$5-2\frac{3}{9}=4\frac{9}{9}-2\frac{3}{9}=2\frac{6}{9}$입니다.

㉔ 계산 결과를 찾아 색칠하기 　30쪽

$3\frac{7}{8}$	$4\frac{3}{8}$	$4\frac{1}{8}$	$\frac{4}{8}$	$1\frac{1}{8}$	$\frac{5}{8}$	$3\frac{2}{8}$	$5\frac{2}{8}$
$5\frac{2}{8}$	$6\frac{1}{8}$	$5\frac{4}{8}$	$1\frac{1}{8}$	$2\frac{3}{8}$	$1\frac{1}{8}$	$2\frac{7}{8}$	$5\frac{3}{8}$
$3\frac{7}{8}$	$5\frac{7}{8}$	$4\frac{7}{8}$	$\frac{1}{8}$	$1\frac{1}{8}$	$\frac{3}{8}$	$3\frac{2}{8}$	$4\frac{1}{8}$
$3\frac{2}{8}$	$\frac{5}{8}$	$4\frac{1}{8}$	$\frac{4}{8}$	$1\frac{1}{8}$	$\frac{5}{8}$	$3\frac{7}{8}$	$5\frac{2}{8}$
$1\frac{7}{8}$	$\frac{1}{8}$	$1\frac{1}{8}$	$2\frac{3}{8}$	$2\frac{3}{8}$	$1\frac{1}{8}$	$\frac{5}{8}$	$5\frac{6}{8}$
$4\frac{1}{8}$	$5\frac{2}{8}$	$\frac{1}{8}$	$2\frac{3}{8}$	$1\frac{1}{8}$	$1\frac{1}{8}$	$\frac{3}{8}$	$5\frac{7}{8}$
$5\frac{3}{8}$	$5\frac{2}{8}$	$5\frac{1}{8}$	$\frac{1}{8}$	$2\frac{3}{8}$	$\frac{2}{8}$	$4\frac{1}{8}$	$5\frac{3}{8}$

□(색칠) $5\frac{3}{8}-4\frac{2}{8}=1\frac{1}{8}$

◺ $4-3\frac{5}{8}=3\frac{8}{8}-3\frac{5}{8}=\frac{3}{8}$

◹ $2-1\frac{4}{8}=1\frac{8}{8}-1\frac{4}{8}=\frac{4}{8}$

◀ $5-2\frac{1}{8}=4\frac{8}{8}-2\frac{1}{8}=2\frac{7}{8}$

□(색칠) $4\frac{1}{8}-1\frac{6}{8}=3\frac{9}{8}-1\frac{6}{8}=2\frac{3}{8}$

◿ $2\frac{1}{8}-1\frac{4}{8}=1\frac{9}{8}-1\frac{4}{8}=\frac{5}{8}$

◺ $2\frac{3}{8}-2\frac{2}{8}=\frac{1}{8}$

◹ $1-\frac{6}{8}=\frac{8}{8}-\frac{6}{8}=\frac{2}{8}$

$1\frac{1}{8}$, $2\frac{3}{8}$인 칸을 모두 찾아 □(색칠)으로 색칠합니다.

$\frac{3}{8}$, $\frac{2}{8}$인 칸을 모두 찾아 ◹으로 색칠합니다.

$\frac{4}{8}$인 칸을 모두 찾아 ◸으로 색칠합니다.

$2\frac{7}{8}$인 칸을 찾아 ◀으로 색칠합니다.

$\frac{5}{8}$인 칸을 모두 찾아 ◹으로 색칠합니다.

$\frac{1}{8}$인 칸을 모두 찾아 ◿으로 색칠합니다.

단원 평가 　31~33쪽

1 4, 2 / 4, 2, 6 　　**2** 3, 2, 5, 5

3 $\frac{2}{4}+\frac{3}{4}=\frac{5}{4}=1\frac{1}{4}$

4 | ○ | | |

5 $1\frac{1}{11}$ 　　**6** 8, 5

7 5 　　**8** $\frac{2}{8}$, $\frac{5}{8}$

9 $3\frac{6}{7}$, 4, $4\frac{1}{7}$ 　　**10** $<$

11 $6\frac{2}{10}$ L

12 (1) 5, 1, 2, 6, 2 　(2) 3, 9, 1, 6

13 (1) $4\frac{3}{6}$ 　(2) $3\frac{6}{9}$ 　**14** (1) $2\frac{6}{9}$ 　(2) $3\frac{3}{8}$

15 $3-1\frac{4}{5}$, $3\frac{2}{5}-2\frac{1}{5}$에 색칠

16 $\frac{4}{5}$, $1\frac{3}{5}$ 　　**17** (선 연결)

18 방법 1 예 $3\frac{2}{8}-1\frac{7}{8}=2\frac{10}{8}-1\frac{7}{8}=1\frac{3}{8}$

방법 2 예 $3\frac{2}{8}-1\frac{7}{8}=\frac{26}{8}-\frac{15}{8}=\frac{11}{8}=1\frac{3}{8}$

19 $1\frac{6}{9}$ cm 　　**20** $2\frac{7}{9}$ kg

---

1 $\frac{1}{9}$이 4개이면 $\frac{4}{9}$, $\frac{1}{9}$이 2개이면 $\frac{2}{9}$
　➡ $\frac{4}{9}+\frac{2}{9}=\frac{6}{9}$

2 $3+2=5$ ➡ $\frac{3}{6}+\frac{2}{6}=\frac{5}{6}$

3 분모가 같은 진분수의 덧셈을 할 때에는 분모는 그대로 쓰고, 분자끼리 더한 후 계산 결과가 가분수이면 대분수로 바꾸어 나타냅니다.

4 분자끼리의 합과 분모를 각각 비교하면
$5+12>16$, $4+1<6$, $17+2=19$이므로 계산 결과가 1과 2 사이인 덧셈식은 $\frac{5}{16}+\frac{12}{16}$입니다.

5 $\square-\frac{2}{11}=\frac{10}{11}$에서 $\square=\frac{10}{11}+\frac{2}{11}=\frac{12}{11}=1\frac{1}{11}$

6 $1=\frac{8}{8}$이므로 $1-\frac{3}{8}=\frac{8}{8}-\frac{3}{8}=\frac{5}{8}$

7 $\frac{11}{12}-\frac{\square}{12}=\frac{11-\square}{12}<\frac{7}{12}$이므로 $11-\square<7$입니다.
따라서 $\square$ 안에 들어갈 수 있는 자연수는 4보다 커야 하므로 가장 작은 수는 5입니다.

8 분모가 8인 진분수는 $\frac{1}{8}$, $\frac{2}{8}$, $\frac{3}{8}$, $\frac{4}{8}$, $\frac{5}{8}$, $\frac{6}{8}$, $\frac{7}{8}$입니다.
합이 $\frac{7}{8}$인 두 진분수는 $\frac{1}{8}$과 $\frac{6}{8}$, $\frac{2}{8}$와 $\frac{5}{8}$, $\frac{3}{8}$과 $\frac{4}{8}$입니다.
이 중에서 차가 $\frac{3}{8}$인 두 진분수는 $\frac{2}{8}$와 $\frac{5}{8}$입니다.

9 $2\frac{5}{7}+1\frac{1}{7}=3+\frac{6}{7}=3\frac{6}{7}$
$2\frac{5}{7}+1\frac{2}{7}=3+\frac{7}{7}=3+1=4$
$2\frac{5}{7}+1\frac{3}{7}=3+\frac{8}{7}=3+1\frac{1}{7}=4\frac{1}{7}$

10 $4\frac{3}{8}+3\frac{7}{8}=7+\frac{10}{8}=7+1\frac{2}{8}=8\frac{2}{8}$
$2\frac{5}{8}+6\frac{1}{8}=8+\frac{6}{8}=8\frac{6}{8}$
➡ $8\frac{2}{8}<8\frac{6}{8}$

11 (물통에 들어 있는 물의 양)
＝(처음에 들어 있던 물의 양)＋(더 부은 물의 양)
$=4\frac{7}{10}+1\frac{5}{10}=5+\frac{12}{10}=5+1\frac{2}{10}=6\frac{2}{10}$ (L)

12 (1) $2\frac{5}{9}+3\frac{6}{9}=5+\frac{11}{9}=5+1\frac{2}{9}=6\frac{2}{9}$
(2) $4\frac{2}{7}=4+\frac{2}{7}=3+1+\frac{2}{7}$
$\quad=3+\frac{7}{7}+\frac{2}{7}=3+\frac{9}{7}=3\frac{9}{7}$

13 (1) $2\frac{4}{6}+\frac{11}{6}=2\frac{4}{6}+1\frac{5}{6}=3+\frac{9}{6}=3+1\frac{3}{6}=4\frac{3}{6}$
(2) $5\frac{1}{9}-1\frac{4}{9}=4\frac{10}{9}-1\frac{4}{9}=3\frac{6}{9}$

14 (1) $\square=6-3\frac{3}{9}=5\frac{9}{9}-3\frac{3}{9}=2\frac{6}{9}$
(2) $\square=11-7\frac{5}{8}=10\frac{8}{8}-7\frac{5}{8}=3\frac{3}{8}$

15 $3-1\frac{4}{5}=2\frac{5}{5}-1\frac{4}{5}=1\frac{1}{5}$, $2\frac{4}{5}-1\frac{2}{5}=1\frac{2}{5}$,
$4-2\frac{1}{5}=3\frac{5}{5}-2\frac{1}{5}=1\frac{4}{5}$, $3\frac{2}{5}-2\frac{1}{5}=1\frac{1}{5}$

16 작은 눈금 한 칸의 크기는 $\frac{1}{5}$이므로 빼는 수는 $\frac{4}{5}$입니다.
➡ $2\frac{2}{5}-\frac{4}{5}=1\frac{3}{5}$

17 $5\frac{2}{10}-3\frac{7}{10}=4\frac{12}{10}-3\frac{7}{10}=1\frac{5}{10}$
$6\frac{5}{10}-2\frac{1}{10}=4\frac{4}{10}$
$7\frac{4}{10}-3\frac{7}{10}=6\frac{14}{10}-3\frac{7}{10}=3\frac{7}{10}$

18 방법 1 ㉠ 빼지는 수의 자연수에서 1만큼을 가분수로 바꾸어 계산하기
$3\frac{2}{8}-1\frac{7}{8}=2\frac{10}{8}-1\frac{7}{8}=1\frac{3}{8}$

방법 2 ㉠ 대분수를 가분수로 바꾸어 계산하기
$3\frac{2}{8}-1\frac{7}{8}=\frac{26}{8}-\frac{15}{8}=\frac{11}{8}=1\frac{3}{8}$

서술형
19 직사각형의 세로는 가로보다
$6-4\frac{3}{9}=5\frac{9}{9}-4\frac{3}{9}=1\frac{6}{9}$ (cm) 더 깁니다.

평가 기준	배점(5점)
식을 바르게 세웠나요?	2점
답을 바르게 구했나요?	3점

서술형
20 (남은 포도의 무게)
＝(처음 포도의 무게)－(먹은 포도의 무게)
$=4-1\frac{2}{9}=3\frac{9}{9}-1\frac{2}{9}=2\frac{7}{9}$ (kg)

평가 기준	배점(5점)
식을 바르게 세웠나요?	2점
답을 바르게 구했나요?	3점

2 삼각형

수애가 미술관에서 여러 가지 삼각형으로 만든 그림을 보고 쓴 일기예요.
삼각형을 보고 ( ) 안의 알맞은 말에 ○표 하세요.

○월 ○일 △요일　　　　　　　　　날씨 ☀

오늘 어린이 그림대회 전시를 다녀왔다.

여러 가지 삼각형으로 덮여진 거북이 그림을 봤는데 신기하고 재미있었다.

△ 와 같이 (두 (세) 변의 길이가 같은 삼각형,

▽ 와 같이 ((두) 세) 각의 크기가 같은 삼각형 등

여러 가지 삼각형들이 있었다. 나도 한번 그려 봐야겠다!

---

1 삼각형을 변의 길이에 따라 분류하기　37쪽

① ① 이등변삼각형　② 정삼각형

② 가, 라

③ ① 6　② 8

④ ① 4, 4　② 7, 7

2 두 변의 길이가 같은 삼각형을 찾습니다.

3 ① 이등변삼각형은 두 변의 길이가 같습니다.
　　길이가 같은 두 변은 6 cm인 변이므로
　　□=6입니다.
　　② 이등변삼각형은 두 변의 길이가 같습니다.
　　길이가 같은 두 변은 8 cm인 변이므로
　　□=8입니다.

4 ① 한 변의 길이가 4 cm인 정삼각형이므로
　　나머지 두 변의 길이는 각각 4 cm입니다.
　　② 한 변의 길이가 7 cm인 정삼각형이므로
　　나머지 두 변의 길이는 각각 7 cm입니다.

---

2 이등변삼각형의 성질, 정삼각형의 성질　39쪽

① ① 이등변삼각형　② 55°

② **예**

/ 60

③ ① 75　② 50

④ ① 60　② 60

1 ② 이등변삼각형은 두 각의 크기가 같으므로
　　(각 ㄱㄷㄴ)=(각 ㄱㄴㄷ)=55°입니다.

2 정삼각형은 세 각의 크기가 모두 같으므로 정삼각형의 한
　　각의 크기는 $180°÷3=60°$입니다.

3 이등변삼각형은 두 각의 크기가 같습니다.

4 정삼각형은 세 각의 크기가 모두 60°로 같습니다.

기본기 강화 문제

① 이등변삼각형, 정삼각형 찾기 (1)   40쪽

1 가, 나   **2** 가, 다

3 나, 다   **4** 가, 나

1 자를 사용하여 두 변의 길이가 같은 삼각형을 모두 찾습니다.

2 정삼각형은 두 변의 길이가 같으므로 이등변삼각형이라고 할 수 있습니다.

3 자를 사용하여 세 변의 길이가 같은 삼각형을 모두 찾습니다.

② 이등변삼각형, 정삼각형 찾기 (2)   40쪽

1 ⓒ   **2** ⓐ

3 ⓒ   **4** ⓑ

1 이등변삼각형은 두 변의 길이가 같은 삼각형이므로 ⓑ입니다.

2 세 변의 길이가 같은 삼각형은 두 변의 길이가 같으므로 이등변삼각형입니다. 따라서 이등변삼각형은 ⓐ입니다.

3 정삼각형은 세 변의 길이가 같은 삼각형이므로 ⓒ입니다.

4 정삼각형은 세 변의 길이가 같은 삼각형이므로 ⓑ입니다.

③ 이등변삼각형, 정삼각형 찾기 (3)   41쪽

1 가, 다, 바 / 바   **2** 나, 다, 마 / 다

3 가, 나, 라, 바 / 나, 바

1~3 이등변삼각형을 찾을 때에는 두 변의 길이가 같은 삼각형을 모두 찾습니다. 이때 세 변의 길이가 모두 같은 정삼각형도 이등변삼각형에 포함시켜야 합니다.

④ 이등변삼각형에서 크기가 같은 두 각 찾기   41쪽

⑤ 그림에서 이등변삼각형, 정삼각형 찾기   42쪽

이등변삼각형을 찾아 빨간색으로 따라 그리고, 정삼각형을 찾아 노란색으로 색칠하면 정삼각형은 빨간색으로 그리고, 노란색으로 색칠하게 됩니다.
빨간색으로 그리지 않고, 노란색으로 색칠하지 않은 삼각형은 세 변의 길이가 모두 다른 삼각형입니다.

⑥ 이등변삼각형에서 변의 길이 구하기 43쪽

1 7 **2** 8 **3** 6
4 9 **5** 14

1 이등변삼각형은 두 변의 길이가 같으므로 7 cm입니다.

2 이등변삼각형은 두 변의 길이가 같으므로 8 cm입니다.

3 이등변삼각형은 두 변의 길이가 같으므로 6 cm입니다.

4 이등변삼각형은 두 변의 길이가 같으므로 9 cm입니다.

5 이등변삼각형은 두 변의 길이가 같으므로 14 cm입니다.

⑦ 정삼각형에서 변의 길이 구하기 43쪽

1 6, 6 **2** 5, 5 **3** 8, 8
4 9 **5** 3

1 정삼각형은 세 변의 길이가 같으므로 각각 6 cm입니다.

2 정삼각형은 세 변의 길이가 같으므로 각각 5 cm입니다.

3 정삼각형은 세 변의 길이가 같으므로 각각 8 cm입니다.

4 정삼각형은 세 변의 길이가 같으므로 9 cm입니다.

5 정삼각형은 세 변의 길이가 같으므로 3 cm입니다.

⑧ 조건에 맞는 삼각형 그리기 (1) 44쪽

1 예
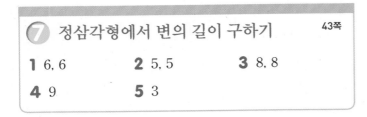

2 예
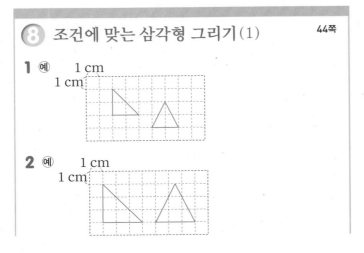

3 예
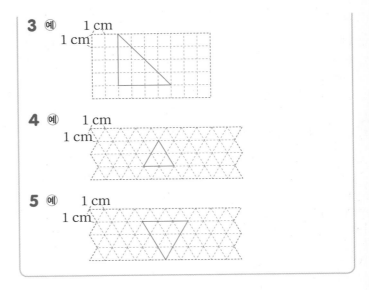

4 예

5 예

1 두 변의 길이가 2 cm이거나 한 변의 길이가 2 cm인 이등변삼각형을 그립니다.

2 두 변의 길이가 3 cm이거나 한 변의 길이가 3 cm인 이등변삼각형을 그립니다.

3 두 변의 길이가 4 cm인 삼각형을 그립니다.

4 세 변의 길이가 모두 2 cm인 삼각형을 그립니다.

5 세 변의 길이가 모두 3 cm인 삼각형을 그립니다.

⑨ 이등변삼각형에서 각의 크기 구하기 44쪽

1 35 **2** 70 **3** 65
4 45 **5** (왼쪽에서부터) 140, 20

1 이등변삼각형은 두 각의 크기가 같으므로 35°입니다.

2 이등변삼각형은 두 각의 크기가 같으므로 70°입니다.

3 한 각의 크기가 50°이므로 나머지 두 각의 크기의 합은 $180° - 50° = 130°$입니다.
이등변삼각형은 두 각의 크기가 같으므로
$\square° = 130° \div 2 = 65°$입니다.

4 한 각이 직각이므로 나머지 두 각의 크기의 합은 $180° - 90° = 90°$입니다.
이등변삼각형은 두 각의 크기가 같으므로
$\square° = 90° \div 2 = 45°$입니다.

5

이등변삼각형은 두 각의 크기가 같으므로 ㉠=20°입니다.
삼각형의 세 각의 크기의 합은 180°이므로
㉡=180°-20°-20°=140°입니다.

---

⑩ **정삼각형에서 변의 길이와 각의 크기 구하기** 45쪽

1 60

2 (위에서부터) 60, 6

3 (위에서부터) 60, 7, 7

4 (위에서부터) 9, 60

5 (왼쪽에서부터) 8, 8, 120

---

1 정삼각형은 세 각의 크기가 모두 같으므로 정삼각형의 한 각의 크기는 180°÷3=60°입니다.

2 정삼각형은 세 변의 길이가 모두 같고 세 각의 크기가 모두 같습니다.

3 정삼각형은 세 변의 길이가 모두 같고 한 각의 크기는 60°입니다.

5 정삼각형의 한 각의 크기는 60°이므로
□°=180°-60°=120°입니다.

---

⑪ **조건에 맞는 삼각형 그리기 (2)** 45쪽

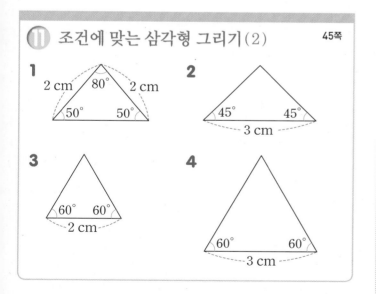

1 길이가 2 cm인 선분을 그은 후, 선분의 양 끝 점을 각각 각의 꼭짓점으로 하여 크기가 80°, 50°인 각을 그립니다. 두 각의 변이 만나는 점을 선분의 양 끝 점과 연결하여 삼각형을 그립니다.

---

2 길이가 3 cm인 선분을 그은 후, 선분의 양 끝 점을 각각 각의 꼭짓점으로 하여 크기가 45°인 각을 그립니다. 두 각의 변이 만나는 점을 선분의 양 끝 점과 연결하여 삼각형을 그립니다.

3 길이가 2 cm인 선분을 그은 후, 선분의 양 끝 점을 각각 각의 꼭짓점으로 하여 크기가 60°인 각을 그립니다. 두 각의 변이 만나는 점을 선분의 양 끝 점과 연결하여 삼각형을 그립니다.

4 길이가 3 cm인 선분을 그은 후, 선분의 양 끝 점을 각각 각의 꼭짓점으로 하여 크기가 60°인 각을 그립니다. 두 각의 변이 만나는 점을 선분의 양 끝 점과 연결하여 삼각형을 그립니다.

---

③ **삼각형을 각의 크기에 따라 분류하기** 47쪽

① ① 직각삼각형 ② 예각삼각형 ③ 둔각삼각형

② (위에서부터) 직, 예, 둔 / 직, 둔, 예

③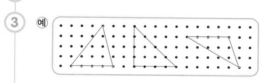

---

1 ① 가와 같이 한 각이 직각인 삼각형은 직각삼각형입니다.
② 나, 마와 같이 세 각이 모두 예각인 삼각형은 예각삼각형입니다.
③ 다, 라, 바와 같이 한 각이 둔각인 삼각형은 둔각삼각형입니다.

3 예각삼각형: 세 각이 모두 예각이 되게 삼각형을 그립니다.
직각삼각형: 한 각이 직각이 되게 삼각형을 그립니다.
둔각삼각형: 한 각이 둔각이 되게 삼각형을 그립니다.

---

④ **삼각형을 두 가지 기준으로 분류하기** 49쪽

① ① 이등변삼각형 ② 예각삼각형

② ① 이등변삼각형 ② 둔각삼각형

③ ① 가, 나, 마 / 다, 라, 바 ② 나, 라 / 가, 바 / 다, 마
   ③ 나, 가, 마 / 라, 바, 다

1 두 변의 길이가 같으므로 이등변삼각형이고, 세 각이 모두 예각이므로 예각삼각형입니다.

2 두 변의 길이가 같으므로 이등변삼각형이고, 한 각이 둔각이므로 둔각삼각형입니다.

3 ③ 이등변삼각형은 가, 나, 마이고, 이 중에서 예각삼각형은 나, 둔각삼각형은 가, 직각삼각형은 마입니다.
세 변의 길이가 모두 다른 삼각형은 다, 라, 바이고, 이 중에서 예각삼각형은 라, 둔각삼각형은 바, 직각삼각형은 다입니다.

1 $\square° = 180° - 30° - 55° = 95°$
한 각이 둔각이므로 둔각삼각형입니다.

2 $\square° = 180° - 50° - 45° = 85°$
세 각이 모두 예각이므로 예각삼각형입니다.

3 $\square° = 180° - 45° - 35° = 100°$
한 각이 둔각이므로 둔각삼각형입니다.

4 $\square° = 180° - 57° - 63° = 60°$
세 각이 모두 예각이므로 예각삼각형입니다.

5 $\square° = 180° - 29° - 77° = 74°$
세 각이 모두 예각이므로 예각삼각형입니다.

기본기 강화 문제

⑫ 예각삼각형, 둔각삼각형 알아보기   50쪽

1 둔각삼각형   **2** 예각삼각형

3 둔각삼각형   **4** 예각삼각형

5 둔각삼각형

1 한 각이 둔각이므로 둔각삼각형입니다.

2 세 각이 모두 예각이므로 예각삼각형입니다.

3 한 각이 둔각이므로 둔각삼각형입니다.

4 세 각이 모두 예각이므로 예각삼각형입니다.

5 한 각이 둔각이므로 둔각삼각형입니다.

⑬ 삼각형을 각의 크기에 따라 분류하기   50쪽

1 라, 바 / 가, 다 / 나, 마   **2** 나, 마 / 다, 바 / 가, 라

3 가, 다, 라 / 마 / 나, 바

⑭ 각의 크기를 구하여 삼각형 분류하기   51쪽

1 95 / 둔각삼각형   **2** 85 / 예각삼각형

3 100 / 둔각삼각형   **4** 60 / 예각삼각형

5 74 / 예각삼각형

⑮ 조건에 맞는 삼각형 그리기 (3)   51쪽

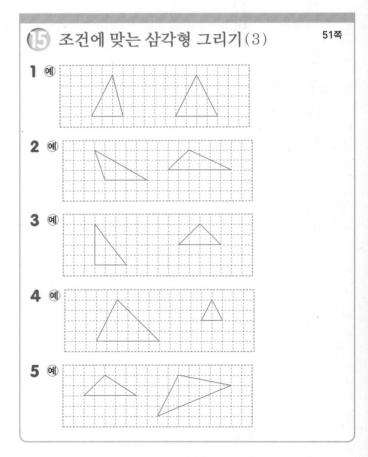

1 예

2 예

3 예

4 예

5 예

1 세 각이 모두 예각인 삼각형을 2개 그립니다.

2 한 각이 둔각인 삼각형을 2개 그립니다.

3 한 각이 직각인 삼각형을 2개 그립니다.

⑯ 설명이 틀린 이유 쓰기　52쪽

1 ⓔ 한 각이 직각이므로 직각삼각형입니다.

2 ⓔ 한 각이 둔각이므로 둔각삼각형입니다.

3 ⓔ 세 각이 모두 예각이므로 예각삼각형입니다.

4 ⓔ 세 각이 모두 예각이므로 예각삼각형입니다.

⑰ 도형판에서 삼각형 만들기　52쪽

1 직각삼각형　　**2** 둔각삼각형　　**3** 둔각삼각형

4 직각삼각형　　**5** 예각삼각형

1

㉠에 걸친 고무줄을 오른쪽으로 1칸 움직이면 한 각이 직각인 직각삼각형이 됩니다.

2

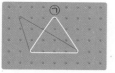

㉠에 걸친 고무줄을 왼쪽으로 2칸 움직이면 한 각이 둔각인 둔각삼각형이 됩니다.

3

㉠에 걸친 고무줄을 왼쪽으로 3칸 움직이면 한 각이 둔각인 둔각삼각형이 됩니다.

4

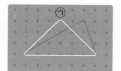

㉠에 걸친 고무줄을 오른쪽으로 2칸 움직이면 한 각이 직각인 직각삼각형이 됩니다.

5

㉠에 걸친 고무줄을 오른쪽으로 2칸 움직이면 세 각이 모두 예각인 예각삼각형이 됩니다.

⑱ 도형을 여러 가지 삼각형으로 나누기　53쪽

1 1, 둔각삼각형　　**2** 2, 1

3 1, 2　　　　　　**4** 2, 2

1 사각형을 나누어 세 각이 모두 예각인 삼각형이 1개, 한 각이 둔각인 삼각형이 1개 생겼습니다.

2 오각형을 나누어 세 각이 모두 예각인 삼각형이 2개, 한 각이 직각인 삼각형이 1개 생겼습니다.

3 오각형을 나누어 세 각이 모두 예각인 삼각형이 1개, 한 각이 둔각인 삼각형이 2개 생겼습니다.

4 육각형을 나누어 한 각이 둔각인 삼각형이 2개, 한 각이 직각인 삼각형이 2개 생겼습니다.

⑲ 삼각형의 이름 알아보기 (1)　53쪽

1 이등변삼각형, 이등변삼각형, 예각삼각형

2 이등변삼각형, 이등변삼각형, 직각삼각형

3 이등변삼각형, 이등변삼각형, 둔각삼각형

⑳ 삼각형을 두 가지 기준으로 분류하기　54쪽

1 (위에서부터) 다, 마 / 나, 자 / 바 / 가, 아 / 사 / 라

2 (위에서부터) 바 / 가, 사 / 자 / 아 / 다, 라 / 나, 마

1

예각삼각형　　이등변삼각형　　이등변삼각형
　　　　　　　둔각삼각형　　　예각삼각형

직각삼각형　　이등변삼각형　　이등변삼각형
　　　　　　　예각삼각형　　　직각삼각형

둔각삼각형　　예각삼각형　　이등변삼각형
　　　　　　　　　　　　　　둔각삼각형

2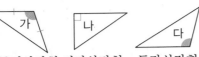

이등변삼각형

직각삼각형

둔각삼각형

둔각삼각형

둔각삼각형

직각삼각형

이등변삼각형
예각삼각형

이등변삼각형
둔각삼각형

예각삼각형

이등변삼각형
직각삼각형

㉑ 삼각형의 이름 알아보기(2)　　54쪽

1 이등변삼각형, 예각삼각형　**2** 예각삼각형

3 이등변삼각형, 둔각삼각형　**4** 둔각삼각형

5 이등변삼각형, 예각삼각형　**6** 이등변삼각형, 둔각삼각형

7 예각삼각형　　　　　　　**8** 이등변삼각형, 직각삼각형

㉒ 미로 통과하기　　55쪽

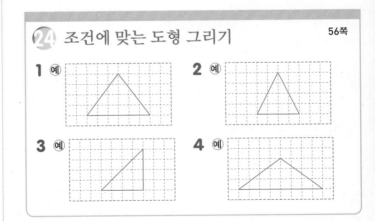

㉓ 삼각형의 이름 알아보기(3)　　56쪽

1 이등변삼각형, 둔각삼각형에 ○표

2 이등변삼각형, 예각삼각형에 ○표

3 이등변삼각형, 직각삼각형에 ○표

4 이등변삼각형, 정삼각형, 예각삼각형에 ○표

1 (나머지 한 각의 크기)=$180°-110°-35°=35°$
두 각의 크기가 같으므로 이등변삼각형이고,
한 각이 둔각이므로 둔각삼각형입니다.

2 (나머지 한 각의 크기)=$180°-30°-75°=75°$
두 각의 크기가 같으므로 이등변삼각형이고,
세 각이 모두 예각이므로 예각삼각형입니다.

3 (나머지 한 각의 크기)=$180°-90°-45°=45°$
두 각의 크기가 같으므로 이등변삼각형이고,
한 각이 직각이므로 직각삼각형입니다.

4 (나머지 한 각의 크기)=$180°-60°-60°=60°$
두 각의 크기가 같으므로 이등변삼각형, 세 각의 크기가
같으므로 정삼각형, 세 각이 모두 예각이므로 예각삼각형
입니다.

㉔ 조건에 맞는 도형 그리기　　56쪽

1 예

2 예

3 예

4 예

1~2 이등변삼각형이면서 예각삼각형인 삼각형을 그립니다.

3 이등변삼각형이면서 직각삼각형인 삼각형을 그립니다.

4 이등변삼각형이면서 둔각삼각형인 삼각형을 그립니다.

단원 평가

57~59쪽

1 나, 마, 바　　　　　　**2** 나

3 ①, ③　　　　　　　　**4** (위에서부터) 8, 50

5 (위에서부터) 5, 60　　**6** 18 cm

7 10　　　　　　　　　**8** 한에 ○표, 둔각삼각형

9 (1) 3개　(2) 2개　　**10** 라, 마

11 〔예〕

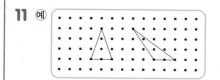

12 ⓒ

13

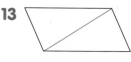

14 ㉠　　　　　　　　　**15** ①, ③

16 (위에서부터) 마 / 라 / 가 / 나 / 다 / 바

17 ㉠, ㉣

18 정삼각형, 이등변삼각형, 예각삼각형

19 12 cm　　　　　　　**20** 둔각삼각형

---

1 두 변의 길이가 같은 삼각형은 나, 마, 바입니다.

3 두 변의 길이가 같은 삼각형을 이등변삼각형이라 하고
정삼각형도 이등변삼각형이라고 할 수 있으므로
이등변삼각형은 ①, ③입니다.

4 이등변삼각형은 두 변의 길이가 같고, 두 각의 크기가 같
습니다.

5 정삼각형은 세 변의 길이가 같고, 세 각의 크기가 60°로
모두 같습니다.

6 삼각형의 세 각 중 두 각의 크기가 같으므로 이등변삼각
형입니다. 이등변삼각형은 두 변의 길이가 같으므로 나머
지 한 변의 길이는 7 cm입니다.
따라서 삼각형의 세 변의 길이의 합은
4+7+7=18 (cm)입니다.

7 이등변삼각형의 나머지 두 변의 길이의 합은
26-6=20 (cm)입니다.
이등변삼각형은 두 변의 길이가 같으므로 나머지 두 변의
길이는 각각 20÷2=10 (cm)입니다.

8 한 각이 둔각인 삼각형을 둔각삼각형이라고 합니다.

9 (1) 세 각이 모두 예각인 삼각형은 가, 나, 라로 모두 3개
입니다.
(2) 한 각이 둔각인 삼각형은 다, 마로 모두 2개입니다.

10 한 각이 둔각인 삼각형은 라, 마입니다.

11 세 각이 모두 예각인 삼각형과 한 각이 둔각인 삼각형을
각각 1개씩 그립니다.

12 한 각이 둔각인 삼각형은 ⓒ입니다.

13 세 각이 모두 예각이 되게 선분을 그어 봅니다.

14 나머지 한 각의 크기는 ㉠ 180°-30°-70°=80°,
ⓛ 180°-50°-40°=90°,
ⓒ 180°-40°-40°=100°입니다.
따라서 예각삼각형은 ㉠입니다.

15 ① 이등변삼각형은 항상 세 변의 길이가 같지는 않으므로
정삼각형이라고 할 수 없습니다.
③ 둔각삼각형은 한 각이 둔각입니다.

16 이등변삼각형은 가, 라, 마이고, 이 중에서 예각삼각형은
마, 둔각삼각형은 라, 직각삼각형은 가입니다.
세 변의 길이가 모두 다른 삼각형은 나, 다, 바이고, 이
중에서 예각삼각형은 나, 둔각삼각형은 다, 직각삼각형은
바입니다.

17 두 각의 크기가 같으므로 이등변삼각형이고, 한 각이 둔
각이므로 둔각삼각형입니다.

18 길이가 같은 막대 3개로 만들 수 있는 삼각형은 정삼각형
입니다. 정삼각형은 두 변의 길이가 같으므로 이등변삼각
형이라 할 수 있고, 세 각이 모두 예각이므로 예각삼각형
입니다.

^{서술형}
19 정삼각형은 세 변의 길이가 같으므로
세 변의 길이의 합은 4+4+4=12 (cm)입니다.

평가 기준	배점(5점)
정삼각형의 세 변의 길이를 알았나요?	2점
정삼각형의 세 변의 길이의 합을 구했나요?	3점

^{서술형}
20 두 각의 크기가 35°, 40°인 삼각형의 나머지 한 각의 크
기는 180°-35°-40°=105°입니다.
한 각이 둔각이므로 둔각삼각형입니다.

평가 기준	배점(5점)
삼각형의 나머지 한 각의 크기를 구했나요?	2점
어떤 삼각형인지 구했나요?	3점

3 소수의 덧셈과 뺄셈

미술 시간에 은정이와 시영이는 색 테이프 자르기를 하고 있어요.
자를 사용하여 □ 안에 알맞은 길이를 써넣고 자르고 남은 길이를 구해 보세요.

내 색 테이프의 길이는 10.3 cm야.
나는 2.3 cm만큼 잘라야지!

은정

자로 길이를 재어 보세요.

내 색 테이프의 길이는 10.5 cm야.
3.5 cm만큼 자를 거야.

시영

자르고 남은 색 테이프의 길이가 은정이는 8 cm,
시영이는 7 cm구나!

---

1 소수 두 자리 수   63쪽

① ① $\frac{6}{100}$ ② 0.06

② ① 0.43, 영 점 사삼 ② 3.58, 삼 점 오팔

③ (위에서부터) 5, 6 / 4, 0.06

④ 3.57, 3.64

⑤ ① 6 ② 0.9 ③ 소수 둘째, 0.05

1 모눈 한 칸의 크기는 분수로 $\frac{1}{100}$, 소수로 0.01입니다.
색칠된 부분은 모눈 6칸이므로 분수로 $\frac{6}{100}$, 소수로
0.06입니다.

2 소수를 읽을 때 소수점 오른쪽의 수는 숫자만 하나씩 차
례대로 읽습니다.

4 작은 눈금 한 칸의 크기는 0.1을 똑같이 10으로 나눈 것
중의 1이므로 0.01입니다.

5 6.95＝6＋0.9＋0.05

---

2 소수 세 자리 수   65쪽

① ① 0.525 ② 0.537

② ① 0.213, 영 점 이일삼 ② 3.108, 삼 점 일영팔

③ ① 1, 3 ② 2, 7

④ ① 일, 9 ② 0.5 ③ 소수 둘째, 0.06 ④ 0.008

1 ① ㉠은 0.52에서 0.001씩 5칸 더 갔으므로 0.525입
니다.
② ㉡은 0.53에서 0.001씩 7칸 더 갔으므로 0.537입
니다.

2 소수점 오른쪽의 숫자 사이에 있는 0은 반드시 읽습니다.
주의 3.108을 삼 점 일팔과 같이 소수 둘째 자리를 빼고 읽지
않도록 주의합니다.

3 ① 0.513＝0.5＋0.01＋0.003
② 4.237＝4＋0.2＋0.03＋0.007

4 9.568＝9＋0.5＋0.06＋0.008

3 소수의 크기 비교, 소수 사이의 관계 **67쪽**

① 예  , > , 예

② 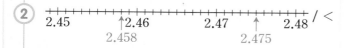 / <

③ ① < ② > ③ < ④ <

④ (위에서부터) 0.1 / 0.007, 0.07, 70 / 0.495, 495, 4950

⑤ ① 9, 90 ② 0.57, 0.057

1 색칠한 칸 수가 0.44가 더 많으므로 0.44>0.39입니다.

2 2.475가 2.458보다 오른쪽에 있으므로 2.458<2.475 입니다.

3 ① 0.09<0.13 ② 5.64>5.496
　　 └ 0<1 ┘ 　　　　 └ 6>4 ┘
③ 4.012<7.001 ④ 9.678<9.688
　 └ 4<7 ┘ 　　　　 └ 7<8 ┘

4 수를 10배 하면 소수점을 기준으로 수가 왼쪽으로 한 자리 이동하고, 수의 $\frac{1}{10}$은 소수점을 기준으로 수가 오른쪽으로 한 자리 이동합니다.

5 ① 0.9의 10배 ➡ 9, 0.9의 100배 ➡ 90
② 5.7의 $\frac{1}{10}$ ➡ 0.57, 5.7의 $\frac{1}{100}$ ➡ 0.057

기본기 강화 문제

❶ 색칠된 부분의 크기를 소수로 나타내기 **68쪽**

1 0.09 　　　　　**2** 0.64

3 0.86 　　　　　**4** 0.375

5 0.629

1 모눈 한 칸의 크기는 0.01이고 색칠된 부분은 9칸이므로 소수로 나타내면 0.09입니다.

2 모눈 한 칸의 크기는 0.01이고 색칠된 부분은 64칸이므로 소수로 나타내면 0.64입니다.

3 모눈 한 칸의 크기는 0.01이고 색칠된 부분은 86칸이므로 소수로 나타내면 0.86입니다.

4 모눈 한 칸의 크기는 0.001이고 색칠된 부분은 375칸이므로 소수로 나타내면 0.375입니다.

5 모눈 한 칸의 크기는 0.001이고 색칠된 부분은 629칸이므로 소수로 나타내면 0.629입니다.

❷ 수직선을 보고 소수로 나타내기 **68쪽**

1 0.07, 영 점 영칠 　　**2** 6.32, 육 점 삼이

3 7.103, 칠 점 일영삼 　**4** 0.156, 영 점 일오육

5 2.834, 이 점 팔삼사

1 수직선에서 작은 눈금 한 칸의 크기는 0.01이고, 0부터 7칸 떨어져 있으므로 0.07입니다.

2 수직선에서 작은 눈금 한 칸의 크기는 0.01이고, 6.3부터 2칸 떨어져 있으므로 6.32입니다.

3 수직선에서 작은 눈금 한 칸의 크기는 0.001이고, 7.1부터 3칸 떨어져 있으므로 7.103입니다.

4 수직선에서 작은 눈금 한 칸의 크기는 0.001이고, 0.15부터 6칸 떨어져 있으므로 0.156입니다.

5 수직선에서 작은 눈금 한 칸의 크기는 0.001이고, 2.83부터 4칸 떨어져 있으므로 2.834입니다.

❸ 분수를 소수로 나타내기 **69쪽**

1 0.63 　　**2** 1.89 　　**3** 4.51

4 7.06 　　**5** 0.274 　**6** 2.538

7 3.702 　**8** 8.095

1 $\frac{63}{100}$을 소수로 나타내면 0.63입니다.

2 $\dfrac{89}{100}$ 를 소수로 나타내면 0.89입니다.

$1\dfrac{89}{100}$ 는 1과 0.89이므로 1.89로 나타냅니다.

3 $\dfrac{51}{100}$ 을 소수로 나타내면 0.51입니다.

$4\dfrac{51}{100}$ 은 4와 0.51이므로 4.51로 나타냅니다.

4 $\dfrac{6}{100}$ 을 소수로 나타내면 0.06입니다.

$7\dfrac{6}{100}$ 은 7과 0.06이므로 7.06으로 나타냅니다.

5 $\dfrac{274}{1000}$ 를 소수로 나타내면 0.274입니다.

6 $\dfrac{538}{1000}$ 을 소수로 나타내면 0.538입니다.

$2\dfrac{538}{1000}$ 은 2와 0.538이므로 2.538로 나타냅니다.

7 $\dfrac{702}{1000}$ 를 소수로 나타내면 0.702입니다.

$3\dfrac{702}{1000}$ 는 3과 0.702이므로 3.702로 나타냅니다.

8 $\dfrac{95}{1000}$ 를 소수로 나타내면 0.095입니다.

$8\dfrac{95}{1000}$ 는 8과 0.095이므로 8.095로 나타냅니다.

---

④ 나타내는 수 알아보기　69쪽

1 0.7　**2** 0.05　**3** 0.8　**4** 0.09

5 0.003　**6** 0.6　**7** 0.002　**8** 0.04

9 0.006　**10** 0.5

1 7은 소수 첫째 자리 숫자이므로 0.7을 나타냅니다.

2 5는 소수 둘째 자리 숫자이므로 0.05를 나타냅니다.

3 8은 소수 첫째 자리 숫자이므로 0.8을 나타냅니다.

4 9는 소수 둘째 자리 숫자이므로 0.09를 나타냅니다.

5 3은 소수 셋째 자리 숫자이므로 0.003을 나타냅니다.

6 6은 소수 첫째 자리 숫자이므로 0.6을 나타냅니다.

7 2는 소수 셋째 자리 숫자이므로 0.002를 나타냅니다.

8 4는 소수 둘째 자리 숫자이므로 0.04를 나타냅니다.

9 6은 소수 셋째 자리 숫자이므로 0.006을 나타냅니다.

10 5는 소수 첫째 자리 숫자이므로 0.5를 나타냅니다.

---

⑤ cm를 m로, m를 km로 나타내기　70쪽

1 0.04　**2** 0.35　**3** 2.49

4 3.17　**5** 0.009　**6** 0.216

7 4.513　**8** 7.052

1 1 cm는 0.01 m이므로 4 cm는 0.04 m입니다.

2 1 cm는 0.01 m이므로 35 cm는 0.35 m입니다.

3 1 cm는 0.01 m이므로 49 cm는 0.49 m입니다.
따라서 2 m 49 cm는 2.49 m입니다.

4 317 cm＝300 cm＋17 cm＝3 m 17 cm
17 cm는 0.17 m이므로 317 cm는 3.17 m입니다.

5 1 m는 0.001 km이므로 9 m는 0.009 km입니다.

6 1 m는 0.001 km이므로 216 m는 0.216 km입니다.

7 1 m는 0.001 km이므로 513 m는 0.513 km입니다.
따라서 4 km 513 m는 4.513 km입니다.

8 7052 m＝7000 m＋52 m＝7 km 52 m
52 m는 0.052 km이므로 7052 m는 7.052 km입니다.

---

⑥ 설명하는 수 구하기　70쪽

1 5.29　**2** 23.674　**3** 38.206

4 17.86　**5** 52.497

1

2
1이 23개 ⇒ 23
0.1이 6개 ⇒ 0.6
0.01이 7개 ⇒ 0.07
0.001이 4개 ⇒ 0.004
23.674

3
1이 38개 ⇒ 38
0.1이 2개 ⇒ 0.2
0.001이 6개 ⇒ 0.006
38.206

4 $\frac{1}{10}$=0.1, $\frac{1}{100}$=0.01입니다.

10이 1개 ⇒ 10
1이 7개 ⇒ 7
0.1이 8개 ⇒ 0.8
0.01이 6개 ⇒ 0.06
17.86

5 $\frac{1}{10}$=0.1, $\frac{1}{100}$=0.01, $\frac{1}{1000}$=0.001입니다.

1이 52개 ⇒ 52
0.1이 4개 ⇒ 0.4
0.01이 9개 ⇒ 0.09
0.001이 7개 ⇒ 0.007
52.497

---

❼ 생략할 수 있는 0 찾기 　71쪽

1 0.7	2 50.2	3 0.18
4 40.06	5 2.9	6 0.04
7 3.01	8 9.5	

1~8 소수에서 오른쪽 끝자리에 있는 0은 생략할 수 있습니다.

---

❽ 소수의 크기 비교하기 　71쪽

1 =	2 >	3 <
4 <	5 >	6 =
7 <	8 >	

1 0.37̸0̸=0.37 　**2** 4.19>4.15
└ 9>5 ┘

---

3 5.924<5.929
└ 4<9 ┘

4 4.326<6.2
└ 4<6 ┘

5 0.8>0.75
└ 8>7 ┘

6 2.4̸0̸0̸=2.4

7 3.726<3.786
└ 2<8 ┘

8 8.35>8.30
└ 5>0 ┘

---

❾ 소수 사이의 관계 알아보기(1) 　72쪽

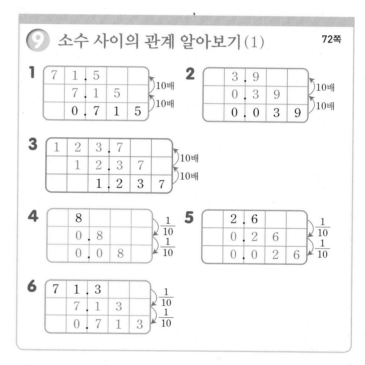

1~3 수를 10배 하면 소수점을 기준으로 수가 왼쪽으로 한 자리 이동합니다.

4~6 수의 $\frac{1}{10}$은 소수점을 기준으로 수가 오른쪽으로 한 자리 이동합니다.

---

❿ 소수 사이의 관계 알아보기(2) 　72쪽

1 10	2 100	3 100
4 10	5 1000	6 $\frac{1}{10}$
7 $\frac{1}{100}$	8 $\frac{1}{100}$	9 $\frac{1}{1000}$
10 $\frac{1}{1000}$		

1 9.8은 0.98에서 소수점을 기준으로 수가 왼쪽으로 한 자리 이동하였으므로 9.8은 0.98의 10배입니다.

2 2.7은 0.027에서 소수점을 기준으로 수가 왼쪽으로 두 자리 이동하였으므로 2.7은 0.027의 100배입니다.

3 5.6은 0.056에서 소수점을 기준으로 수가 왼쪽으로 두 자리 이동하였으므로 5.6은 0.056의 100배입니다.

4 21.43은 2.143에서 소수점을 기준으로 수가 왼쪽으로 한 자리 이동하였으므로 21.43은 2.143의 10배입니다.

5 50은 0.05에서 소수점을 기준으로 수가 왼쪽으로 세 자리 이동하였으므로 50은 0.05의 1000배입니다.

6 0.6은 6에서 소수점을 기준으로 수가 오른쪽으로 한 자리 이동하였으므로 0.6은 6의 $\frac{1}{10}$입니다.

7 1.18은 118에서 소수점을 기준으로 수가 오른쪽으로 두 자리 이동하였으므로 1.18은 118의 $\frac{1}{100}$입니다.

8 2.3은 230에서 소수점을 기준으로 수가 오른쪽으로 두 자리 이동하였으므로 2.3은 230의 $\frac{1}{100}$입니다.

9 0.179는 179에서 소수점을 기준으로 수가 오른쪽으로 세 자리 이동하였으므로 0.179는 179의 $\frac{1}{1000}$입니다.

10 2.701은 2701에서 소수점을 기준으로 수가 오른쪽으로 세 자리 이동하였으므로 2.701은 2701의 $\frac{1}{1000}$입니다.

---

⑪ 사자성어 완성하기　73쪽

1 | 오 | 매 | 불 | 망 |

2 | 동 | 병 | 상 | 련 |

1 5.9>5.09>2.59>0.59
　　오　　매　　불　　망

2 9.1>1.91>1.9>1.19
　　동　　병　　상　　련

4　소수 한 자리 수의 덧셈　75쪽

① ⑩　　　　　② 0.8

② 0.5, 0.9

③ ① (위에서부터) 2 / 5 / 0.7, 7
　② (위에서부터) 3 / 28 / 3.1, 31

④ (왼쪽에서부터) 1, 2 / 1, 2, 2

⑤ ① 1, 1, 1　② 1, 7, 2

1 ① 0.2는 0.1이 2개, 0.6은 0.1이 6개이므로 2칸을 빨간색으로 색칠하고, 이어서 6칸을 파란색으로 색칠합니다.
② 모눈종이에 색칠한 칸은 모두 8칸이므로
0.2+0.6=0.8입니다.

2 오른쪽으로 0.1씩 4칸 간 다음 오른쪽으로 0.1씩 5칸 더 갔으므로 오른쪽으로 모두 0.1씩 9칸 간 것입니다.
➡ 0.4+0.5=0.9

3 ② 0.3+2.8은 0.1이 3+28=31(개)이므로
0.3+2.8=3.1입니다.

4　　　1
　　　0.5
　　＋1.7
　　　2.2

5 ①　　　1　　　　　②　　　1
　　　0.3　　　　　　　4.9
　　＋0.8　　　　　　＋2.3
　　　1.1　　　　　　　7.2

5　소수 한 자리 수의 뺄셈　77쪽

① 0.3, 0.3

② 0.5, 0.8

③ ① (위에서부터) 7 / 4 / 0.3, 3
　② (위에서부터) 56 / 29 / 2.7, 27

④ (왼쪽에서부터) 1, 10, 6 / 1, 10, 1, 6

⑤ ① 0, 7　② 6, 10, 2, 9

1 오른쪽으로 0.1씩 6칸을 간 다음 왼쪽으로 0.1씩 3칸을 되돌아오면 0.3을 가리킵니다. ➡ $0.6-0.3=0.3$

2 모눈종이에 1.3만큼 색칠하고 0.5만큼 ×로 지웠으므로 남은 부분은 0.8입니다.
➡ $1.3-0.5=0.8$

4
$$
\begin{array}{r}
{\scriptstyle 1}\;{\scriptstyle 10} \\
\not{2}.\not{5} \\
-\;0.9 \\
\hline
1.6
\end{array}
$$

5 ①
$$
\begin{array}{r}
0.9 \\
-\;0.2 \\
\hline
0.7
\end{array}
$$
②
$$
\begin{array}{r}
{\scriptstyle 6}\;{\scriptstyle 10} \\
\not{7}.\not{4} \\
-\;4.5 \\
\hline
2.9
\end{array}
$$

---

6 소수 두 자리 수의 덧셈　79쪽

① ① 예 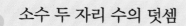　② 0.38

② 0.39

③ ① (위에서부터) 42 / 54 / 0.96, 96
　② (위에서부터) 271 / 546 / 8.17, 817

④ (왼쪽에서부터) 5 / 1, 3, 5 / 1, 6, 3, 5

⑤ ① 0, 8, 9　② 1, 1, 8, 0, 5

---

1 ① 0.21은 0.01이 21개, 0.17은 0.01이 17개이므로 21칸을 빨간색으로 색칠하고, 이어서 17칸을 파란색으로 색칠합니다.
② 모눈종이에 색칠한 칸은 모두 38칸이므로
　$0.21+0.17=0.38$입니다.

2 오른쪽으로 0.01씩 16칸 간 다음 오른쪽으로 0.01씩 23칸 더 갔으므로 오른쪽으로 모두 0.01씩 39칸 간 것입니다. ➡ $0.16+0.23=0.39$

3 ② 2.71+5.46은 0.01이 271+546=817(개)이므로
　$2.71+5.46=8.17$입니다.

4
$$
\begin{array}{r}
{\scriptstyle 1} \\
1.5\;3 \\
+\;4.8\;2 \\
\hline
6.3\;5
\end{array}
$$

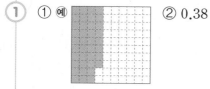

---

5 ①
$$
\begin{array}{r}
0.7\;3 \\
+\;0.1\;6 \\
\hline
0.8\;9
\end{array}
$$
②
$$
\begin{array}{r}
{\scriptstyle 1}\;{\scriptstyle 1} \\
3.4\;6 \\
+\;4.5\;9 \\
\hline
8.0\;5
\end{array}
$$

---

7 소수 두 자리 수의 뺄셈　81쪽

① ① 예 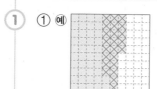　② 0.42

② 0.65

③ ① (위에서부터) 121 / 65 / 0.56, 56
　② (위에서부터) 626 / 470 / 1.56, 156

④ (왼쪽에서부터) 4, 10, 4 / 1, 14, 10, 1, 7, 4

⑤ ① 8, 11, 10, 1, 5, 5　② 5, 13, 10, 4, 6, 8

---

1 ① 0.65는 0.01이 65개, 0.23은 0.01이 23개이므로 65칸을 색칠한 후 23칸을 ×로 지웁니다.
② 남은 부분은 42칸이므로 $0.65-0.23=0.42$입니다.

2 오른쪽으로 1.1만큼 간 다음 왼쪽으로 0.45만큼 되돌아오면 0.65를 가리킵니다. ➡ $1.1-0.45=0.65$

4
$$
\begin{array}{r}
{\scriptstyle 1}\;{\scriptstyle 14}\;{\scriptstyle 10} \\
\not{2}.\not{5}\;\not{0} \\
-\;0.7\;6 \\
\hline
1.7\;4
\end{array}
$$

5 ①
$$
\begin{array}{r}
{\scriptstyle 8}\;{\scriptstyle 11}\;{\scriptstyle 10} \\
\not{9}.\not{2}\;\not{3} \\
-\;7.6\;8 \\
\hline
1.5\;5
\end{array}
$$
②
$$
\begin{array}{r}
{\scriptstyle 5}\;{\scriptstyle 13}\;{\scriptstyle 10} \\
\not{6}.\not{4}\;\not{0} \\
-\;1.7\;2 \\
\hline
4.6\;8
\end{array}
$$

기본기 강화 문제

⑫ 수직선을 이용한 소수 한 자리 수의 덧셈　82쪽

1 0.8　　　　　**2** 0.2, 0.9

3 0.4, 0.4, 0.8　**4** 0.9, 1.7

5 0.7, 1.6

1 오른쪽으로 0.1씩 3칸 간 다음 오른쪽으로 0.1씩 5칸 더 갔으므로 오른쪽으로 모두 0.1씩 8칸 간 것입니다.
➡ 0.3+0.5=0.8

2 오른쪽으로 0.1씩 7칸 간 다음 오른쪽으로 0.1씩 2칸 더 갔으므로 오른쪽으로 모두 0.1씩 9칸 간 것입니다.
➡ 0.7+0.2=0.9

3 오른쪽으로 0.1씩 4칸 간 다음 오른쪽으로 0.1씩 4칸 더 갔으므로 오른쪽으로 모두 0.1씩 8칸 간 것입니다.
➡ 0.4+0.4=0.8

4 오른쪽으로 0.1씩 8칸 간 다음 오른쪽으로 0.1씩 9칸 더 갔으므로 오른쪽으로 모두 17칸 간 것입니다.
➡ 0.8+0.9=1.7

5 오른쪽으로 0.1씩 9칸 간 다음 오른쪽으로 0.1씩 7칸 더 갔으므로 오른쪽으로 모두 16칸 간 것입니다.
➡ 0.9+0.7=1.6

---

⑬ 소수를 분해하여 더하기　　82쪽

1 0.2 / 1 / 7.8, 7, 0.8

2 0.7 / 2, 0.2 / 7.9, 7, 0.9

3 4, 0.3 / 2, 0.1 / 6.4, 6, 0.4

4 16, 0.3 / 82, 0.4 / 98.7, 98, 0.7

5 15, 0.4 / 6, 0.5 / 21.9, 21, 0.9

1~5 소수를 자연수와 소수 부분으로 나누어 자연수 부분끼리, 소수 부분끼리 더합니다.

---

⑭ 소수 한 자리 수의 덧셈 연습　　83쪽

1 0.9	**2** 0.6	**3** 1.1
4 1.6	**5** 7.8	**6** 9.5
7 9.3	**8** 8.1	**9** 3.3
10 14.5	**11** 68.5	**12** 18.2

3
```
      1
     0.7
   + 0.4
   ─────
     1.1
```

4
```
      1
     0.8
   + 0.8
   ─────
     1.6
```

7
```
    1
   0.9
 + 8.4
 ─────
   9.3
```

8
```
    1
   6.6
 + 1.5
 ─────
   8.1
```

9
```
    1
   2.4
 + 0.9
 ─────
   3.3
```

10
```
     1
    1.7
 + 1 2.8
 ──────
  1 4.5
```

11
```
     1
   4 3.9
 + 2 4.6
 ──────
   6 8.5
```

12
```
      1
   1 3.8
 +   4.4
 ──────
  1 8.2
```

---

⑮ 수직선을 이용한 소수 한 자리 수의 뺄셈　　83쪽

1 0.5	**2** 0.3, 0.5	**3** 0.7, 0.4, 0.3
4 0.6, 0.8	**5** 0.9, 0.7	

1 오른쪽으로 0.1씩 9칸 간 다음 왼쪽으로 0.1씩 4칸 되돌아오면 0.5를 가리킵니다.
➡ 0.9−0.4=0.5

2 오른쪽으로 0.1씩 8칸 간 다음 왼쪽으로 0.1씩 3칸 되돌아오면 0.5를 가리킵니다.
➡ 0.8−0.3=0.5

3 오른쪽으로 0.1씩 7칸 간 다음 왼쪽으로 0.1씩 4칸 되돌아오면 0.3을 가리킵니다.
➡ 0.7−0.4=0.3

4 오른쪽으로 0.1씩 14칸 간 다음 왼쪽으로 0.1씩 6칸 되돌아오면 0.8을 가리킵니다.
➡ 1.4−0.6=0.8

5 오른쪽으로 0.1씩 16칸 간 다음 왼쪽으로 0.1씩 9칸 되돌아오면 0.7을 가리킵니다.
➡ 1.6−0.9=0.7

---

⑯ 0.1이 몇 개인 수의 뺄셈　　84쪽

1 6 / 2 / 0.4, 4	**2** 8 / 4 / 0.4, 4
3 17 / 9 / 0.8, 8	**4** 36 / 18 / 1.8, 18
5 42 / 36 / 0.6, 6	**6** 315 / 134 / 18.1, 181

⑰ 소수 한 자리 수의 뺄셈 연습

1 0.3 **2** 0.1 **3** 1.1

4 0.5 **5** 1.9 **6** 4.6

7 2.9 **8** 3.8 **9** 2.4

10 2.4 **11** 17.6 **12** 13.8

4
```
    0 10
    1̸.4
  − 0.9
 ─────
    0.5
```

5
```
    4 10
    5̸.8
  − 3.9
 ─────
    1.9
```

6
```
    6 10
    7̸.3
  − 2.7
 ─────
    4.6
```

7
```
    5 10
    6̸.3
  − 3.4
 ─────
    2.9
```

8
```
    7 10
    8̸.6
  − 4.8
 ─────
    3.8
```

9
```
    4 10
    5̸.2
  − 2.8
 ─────
    2.4
```

10
```
    8 10
    9̸.1
  − 6.7
 ─────
    2.4
```

11
```
   2 11 10
   3̸ 2̸.3
  − 1 4.7
 ──────
   1 7.6
```

12
```
   1 12 10
   2̸ 3̸.4
  −    9.6
 ──────
    1 3.8
```

⑱ 0.01이 몇 개인 수의 덧셈

1 24 / 13 / 0.37, 37

2 47 / 39 / 0.86, 86

3 457 / 216 / 6.73, 673

4 2109 / 892 / 30.01, 3001

5 165 / 290 / 4.55, 455

6 360 / 274 / 6.34, 634

5 2.9는 2.90과 같으므로 2.9는 0.01이 290개입니다.

6 3.6은 3.60과 같으므로 3.6은 0.01이 360개입니다.

⑲ 세로셈으로 나타내어 더하기

1
```
  0.4 7
+ 0.1 2
───────
  0.5 9
```

2
```
    1
  0.7 3
+ 0.5 6
───────
  1.2 9
```

3
```
  1 1
  0.6 8
+ 0.9 8
───────
  1.6 6
```

4
```
    1
  1.8 5
+ 0.3 2
───────
  2.1 7
```

5
```
  1 1
  5.9 4
+ 6.3 8
───────
 1 2.3 2
```

6
```
    1
  3.5 6
+ 2.7
───────
  6.2 6
```

1 소수점끼리 맞추어 같은 자리 숫자끼리 계산하고 소수점을 그대로 내려 찍습니다.

2 같은 자리 숫자끼리의 합이 10이거나 10보다 크면 바로 윗자리로 1을 받아올림합니다.

6 2.7은 2.70으로 생각하여 더합니다.

⑳ 여러 가지 수 더하기

1 1.77, 2.77, 3.77 **2** 6.14, 6.24, 6.34

3 10.21, 10.22, 10.23 **4** 5.69, 4.69, 3.69

5 5.05, 4.95, 4.85 **6** 8.85, 8.84, 8.83

1 같은 수에 1씩 커지는 수를 더하면 계산 결과도 1씩 커집니다.

2 같은 수에 0.1씩 커지는 수를 더하면 계산 결과도 0.1씩 커집니다.

3 같은 수에 0.01씩 커지는 수를 더하면 계산 결과도 0.01씩 커집니다.

4 같은 수에 1씩 작아지는 수를 더하면 계산 결과도 1씩 작아집니다.

5 같은 수에 0.1씩 작아지는 수를 더하면 계산 결과도 0.1씩 작아집니다.

6 같은 수에 0.01씩 작아지는 수를 더하면 계산 결과도 0.01씩 작아집니다.

21 0.01이 몇 개인 수의 뺄셈 86쪽

1 59 / 47 / 0.12, 12

2 83 / 61 / 0.22, 22

3 506 / 319 / 1.87, 187

4 1331 / 477 / 8.54, 854

5 275 / 160 / 1.15, 115

6 820 / 521 / 2.99, 299

5 1.6은 1.60과 같으므로 1.6은 0.01이 160개입니다.

6 8.2는 8.20과 같으므로 8.2는 0.01이 820개입니다.

22 세로셈으로 나타내어 빼기 87쪽

1
```
  0 . 9  4
- 0 . 6  3
  0 . 3  1
```

2
```
        6  10
  0 . 7̶  2
- 0 . 3  4
  0 . 3  8
```

3
```
      3  10
  1 . 4̶  6
- 0 . 2  9
  1 . 1  7
```

4
```
      5  10
  4 . 6̶  4
- 1 . 2  7
  3 . 3  7
```

5
```
    8  14  10
  9̶ . 5̶  2
- 3 . 5  8
  5 . 9  4
```

6
```
    7  13  10
  8 . 4̶
- 4 . 7  7
  3 . 6  3
```

1 소수점끼리 맞추어 같은 자리 숫자끼리 계산하고 소수점을 그대로 내려 찍습니다.

6 8.4는 8.40으로 생각하여 뺍니다.

23 여러 가지 수 빼기 87쪽

1 2.64, 2.54, 2.44

2 2.76, 2.86, 2.96

3 1.97, 1.96, 1.95

4 4.19, 4.2, 4.21

5 2.77, 2.76, 2.75

6 1.51, 1.52, 1.53

1 같은 수에서 0.1씩 커지는 수를 빼면 계산 결과는 0.1씩 작아집니다.

2 같은 수에서 0.1씩 작아지는 수를 빼면 계산 결과는 0.1씩 커집니다.

3 같은 수에서 0.01씩 커지는 수를 빼면 계산 결과는 0.01씩 작아집니다.

4 같은 수에서 0.01씩 작아지는 수를 빼면 계산 결과는 0.01씩 커집니다.

24 두 수의 합과 차 구하기 88쪽

1 5.1, 2.5

2 2.9, 1.7

3 8.4, 3.4

4 7.5, 6.7

5 4, 2.6

1 합: 3.8+1.3=5.1, 차: 3.8−1.3=2.5

2 합: 2.3+0.6=2.9, 차: 2.3−0.6=1.7

3 합: 5.9+2.5=8.4, 차: 5.9−2.5=3.4

4 합: 7.1+0.4=7.5, 차: 7.1−0.4=6.7

5 합: 3.3+0.7=4, 차: 3.3−0.7=2.6

25 계산 결과 비교하기 88쪽

1 >   2 >   3 <   4 >

5 <   6 >   7 <   8 >

1 4.8+2.6=7.4, 3.6+3.5=7.1
➡ 7.4>7.1

2 7.9−1.4=6.5, 15.3−9.5=5.8
➡ 6.5>5.8

3 4.53+2.79=7.32, 2.56+5.82=8.38
➡ 7.32<8.38

4 13.65+6.8=20.45, 8.82+9.54=18.36
➡ 20.45>18.36

5 $9.22-4.37=4.85,\ 7.64-2.38=5.26$
➡ $4.85<5.26$

6 $15.6-9.69=5.91,\ 8.11-2.7=5.41$
➡ $5.91>5.41$

7 $3.47+3.24=6.71,\ 8.03-1.26=6.77$
➡ $6.71<6.77$

8 $2.7+3.92=6.62,\ 10.4-4.61=5.79$
➡ $6.62>5.79$

---

26 달리는 순서 알아보기 89쪽

1 (왼쪽에서부터) 하람, 성우, 민지

2 (왼쪽에서부터) 정민, 선호, 우현

---

1 결승선을 기준으로 민지는 $0.24\,km$ 떨어진 곳에 있고, 하람이는 $0.24+0.05=0.29\,(km)$ 떨어진 곳에 있고, 성우는 $1-0.75=0.25\,(km)$ 떨어진 곳에 있습니다. $0.29>0.25>0.24$이므로 뒤에서부터 하람, 성우, 민지 순서로 달리고 있습니다.

2 결승선을 기준으로 정민이는 $0.4\,km$ 떨어진 곳에 있고, 선호는 $0.4-0.15=0.25\,(km)$ 떨어진 곳에 있고, 우현이는 $0.25-0.04=0.21\,(km)$ 떨어진 곳에 있습니다. $0.4>0.25>0.21$이므로 뒤에서부터 정민, 선호, 우현 순서로 달리고 있습니다.

---

27 □ 안에 알맞은 수 구하기 90쪽

1 (위에서부터) 3, 7

2 (위에서부터) 3, 5, 7

3 (위에서부터) 6, 1, 1

4 (위에서부터) 0, 9, 2

5 (위에서부터) 5, 6, 6

6 (위에서부터) 6, 7, 7

1
$$\begin{array}{r} 1.3\,㉠ \\ +\ 6.㉡\,4 \\ \hline 8.0\ 7 \end{array}$$
$㉠+4=7,\ ㉠=7-4,\ ㉠=3$
$3+㉡=10,\ ㉡=10-3,\ ㉡=7$

2
$$\begin{array}{r} 4.㉡\,7 \\ +\ 2.9\,㉠ \\ \hline ㉢.3\ 2 \end{array}$$
$7+㉠=12,\ ㉠=12-7,\ ㉠=5$
$1+㉡+9=13,\ ㉡=13-10,\ ㉡=3$
$1+4+2=㉢,\ ㉢=7$

3
$$\begin{array}{r} ㉢.9\ 4 \\ +\ 5.㉡\,7 \\ \hline 1\ 2.1\,㉠ \end{array}$$
$4+7=11$에서 $㉠=1$
$1+9+㉡=11,\ ㉡=11-10,\ ㉡=1$
$1+㉢+5=12,\ ㉢=12-6,\ ㉢=6$

4
$$\begin{array}{r} 6.3\ 4 \\ -\ 4.㉡\,㉠ \\ \hline ㉢.2\ 5 \end{array}$$
$10+4-㉠=5,\ ㉠=14-5,\ ㉠=9$
$3-1-㉡=2,\ ㉡=2-2,\ ㉡=0$
$6-4=㉢,\ ㉢=2$

5
$$\begin{array}{r} ㉢.4\,㉠ \\ -\ 2.8\ 5 \\ \hline 2.㉡\,1 \end{array}$$
$㉠-5=1,\ ㉠=5+1,\ ㉠=6$
$10+4-8=㉡,\ ㉡=6$
$㉢-1-2=2,\ ㉢=2+2+1,\ ㉢=5$

6
$$\begin{array}{r} ㉢.5\,㉠ \\ -\ 3.㉡\,4 \\ \hline 2.8\ 3 \end{array}$$
$㉠-4=3,\ ㉠=4+3,\ ㉠=7$
$10+5-㉡=8,\ 15-㉡=8,$
$㉡=15-8,\ ㉡=7$
$㉢-1-3=2,\ ㉢=2+3+1,\ ㉢=6$

---

28 카드로 만든 소수의 합과 차 구하기 90쪽

1 11.71, 6.93   **2** 10.09, 6.93

3 13.32, 5.94   **4** 9.89, 4.95

5 11.1, 7.92

---

1 만들 수 있는 가장 큰 수는 9.32이고, 가장 작은 수는 2.39입니다.
➡ 합: $9.32+2.39=11.71$
차: $9.32-2.39=6.93$

2 만들 수 있는 가장 큰 수는 8.51이고, 가장 작은 수는 1.58입니다.
➡ 합: $8.51+1.58=10.09$
차: $8.51-1.58=6.93$

3 만들 수 있는 가장 큰 수는 9.63이고, 가장 작은 수는 3.69입니다.
➡ 합: $9.63+3.69=13.32$
차: $9.63-3.69=5.94$

4 만들 수 있는 가장 큰 수는 7.42이고, 가장 작은 수는 2.47입니다.
➡ 합: $7.42+2.47=9.89$
차: $7.42-2.47=4.95$

5 만들 수 있는 가장 큰 수는 9.51이고, 가장 작은 수는 1.59입니다.
➡ 합: $9.51+1.59=11.1$
차: $9.51-1.59=7.92$

1 0.52, 영 점 오이

2 0.788

3 5.14

4 ④

5 ㉢

6 (1) 10 (2) $\frac{1}{100}$

7 100배

8 9.68, 9.632, 9.506

9 2.7

10 1.2

11 32 / 59 / 0.91, 91

12
$$\begin{array}{r} 1 \\ 0.58 \\ +\ 0.8 \\ \hline 1.38 \end{array}$$

13 7.25+3.87=11.12, 11.12 kg

14 (1) 7.75 (2) 2.79

15
$$\begin{array}{r} \overset{5}{}\ \overset{10}{} \\ \cancel{6}.41 \\ -\ 2.7 \\ \hline 3.71 \end{array}$$

16 <

17 (위에서부터) 1, 6, 1

18 4.95

19 175 kg

20 1.62 m

---

1 모눈 한 칸의 크기는 0.01이고 색칠한 부분은 52칸이므로 소수로 나타내면 0.52입니다.

2 작은 눈금 한 칸의 크기는 0.001입니다.
0.78에서 작은 눈금 8칸을 더 갔으므로 0.788입니다.

3 3.4<u>5</u> ➡ 0.05, <u>5</u>.14 ➡ 5, 2.71<u>5</u> ➡ 0.005

4 소수 둘째 자리 숫자는 ① 5, ② 0, ③ 7, ④ 9, ⑤ 6입니다.

5 6.52<u>∅</u>=6.52
　　㉠　㉡

6 (1) 6은 0.6에서 소수점을 기준으로 수가 왼쪽으로 한 자리 이동하였으므로 6은 0.6의 10배입니다.
(2) 0.704는 70.4에서 소수점을 기준으로 수가 오른쪽으로 두 자리 이동하였으므로 0.704는 70.4의 $\frac{1}{100}$입니다.

7 ㉠이 나타내는 수는 5이고, ㉡이 나타내는 수는 0.05입니다. 5는 0.05의 100배입니다.

8 높은 자리부터 차례대로 같은 자리 숫자의 크기를 비교합니다. ➡ 9.68>9.632>9.506

9 2.1+0.6=2.7

10 0.1이 3개인 수: 0.3, 0.1이 9개인 수: 0.9
➡ 0.3+0.9=1.2

11 0.32+0.59는 0.01이 32+59=91(개)이므로 0.32+0.59=0.91입니다.

12 0.8은 0.80으로 생각하여 더합니다.

13 (아버지가 딴 사과의 무게)
=(성진이가 딴 사과의 무게)+3.87
=7.25+3.87=11.12 (kg)

14 (1)
$$\begin{array}{r} 1 \\ 5.83 \\ +\ 1.92 \\ \hline 7.75 \end{array}$$
(2)
$$\begin{array}{r} \overset{6}{}\ \overset{15}{}\ \overset{10}{} \\ 7.66 \\ -\ 4.87 \\ \hline 2.79 \end{array}$$

15 소수점의 자리를 잘못 맞추어 계산하여 틀렸습니다.

16 7.34+7.8=15.14, 20.19-4.98=15.21
➡ 15.14<15.21

17
$$\begin{array}{r} 7.6\,㉠ \\ -\ 5.㉡\,8 \\ \hline ㉢.93 \end{array}$$
10+㉠-8=3, ㉠=3-2, ㉠=1
6-1+10-㉡=9, ㉡=15-9, ㉡=6
7-1-5=㉢, ㉢=1

18 8>5>3이므로 만들 수 있는 가장 큰 수는 8.53이고, 가장 작은 수는 3.58입니다.
➡ 8.53-3.58=4.95

서술형
19 소수를 100배 하면 소수점을 기준으로 수가 왼쪽으로 두 자리 이동합니다.
따라서 맛소금 100봉지는 175 kg입니다.

평가 기준	배점(5점)
소수를 100배 할 때 소수점을 기준으로 수가 어떻게 이동하는지 알고 있나요?	2점
맛소금 100봉지의 무게를 구했나요?	3점

서술형
20 두 철근의 길이의 차는
(긴 철근의 길이)-(짧은 철근의 길이)
=6.42-4.8=1.62 (m)입니다.

평가 기준	배점(5점)
알맞은 식을 만들었나요?	2점
두 철근의 길이의 차를 구했나요?	3점

4 사각형

시영, 무선, 수애, 천택이는 청소 당번을 정하기 위해 사다리 타기 게임을 하려고 해요.
자유롭게 곧은 선을 그어 사다리를 완성하고 청소 당번을 정해 보세요.

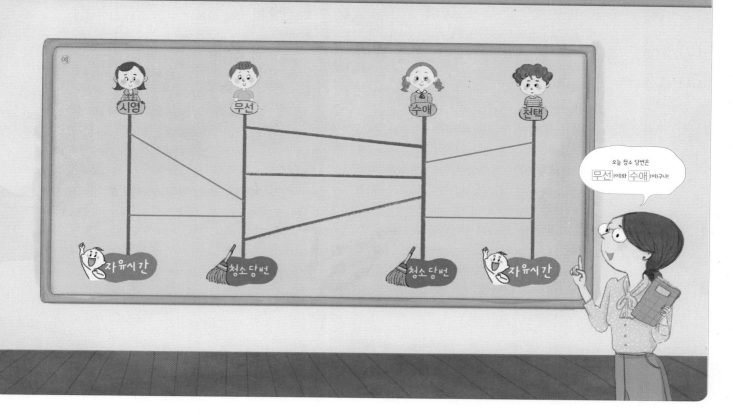

1 수직을 알고 수선 긋기　97쪽

① ① 다　② 수선

②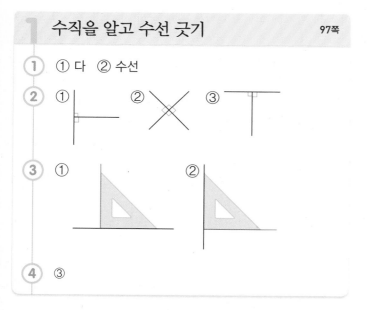

③

④ ③

1 ① 직선 가와 만나서 이루는 각이 직각인 직선을 찾습니다. ➡ 직선 다
② 직선 가와 직선 다는 서로 수직으로 만납니다.
따라서 직선 가에 대한 수선은 직선 다입니다.

2 주의 ② 두 직선이 서로 수직으로 만날 때 직각인 곳은
4곳입니다. 직각 표시를 1개만 하지 않도록 주의합니다.

2 평행을 알고 평행선 긋기　99쪽

① ① 나, 라　② 평행; 평행선

② 가

③ (　　) (○) (　　) (　　)

④ ① 예 　② 예

1 한 직선에 수직인 두 직선은 서로 만나지 않으므로 평행합니다.

2 서로 평행한 두 직선을 찾으면 가입니다.

3 아래쪽 삼각자는 고정하고, 위쪽 삼각자를 움직여 평행선을 긋습니다.

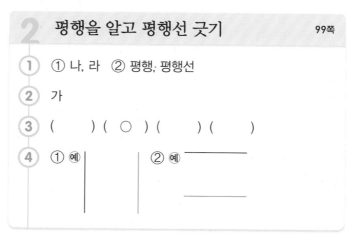

3 평행선 사이의 거리 알아보기 101쪽

① ① ⓒ ② 평행선 사이의 거리

② ③

③ 3 cm

④ ① 1 cm ② 2 cm

1 ① 평행선 사이의 선분 중에서 수선의 길이가 가장 짧습니다.
② 평행선 사이의 수선의 길이를 평행선 사이의 거리라고 합니다.

2 평행선 사이의 거리는 평행선 사이의 수선의 길이로 그 길이가 가장 짧습니다.

4 평행선 사이에 수선을 긋고 그 길이를 재어 봅니다.

기본기 강화 문제

① 두 직선이 직각으로 만나는 곳 찾기 102쪽

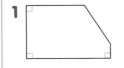

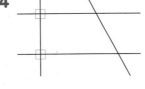

5

1~5 삼각자의 직각인 부분을 대어 보거나 각도기를 이용하여 각의 크기가 90°인 곳을 찾습니다.

② 수선 찾기 102쪽

1 직선 다   **2** 직선 나

3 직선 라   **4** 직선 다

1 직선 가와 만나서 이루는 각이 직각인 직선은 직선 다이므로 직선 가에 대한 수선은 직선 다입니다.

2 직선 가와 만나서 이루는 각이 직각인 직선은 직선 나이므로 직선 가에 대한 수선은 직선 나입니다.

3 직선 가와 만나서 이루는 각이 직각인 직선은 직선 라이므로 직선 가에 대한 수선은 직선 라입니다.

4 직선 가와 만나서 이루는 각이 직각인 직선은 직선 다이므로 직선 가에 대한 수선은 직선 다입니다.

③ 수직인 직선의 수 구하기 103쪽

1 1쌍   **2** 2쌍

3 3쌍   **4** 2쌍

1 직선 가와 직선 다 ➡ 1쌍

2 직선 가와 직선 다, 직선 나와 직선 라 ➡ 2쌍

3 직선 가와 직선 라, 직선 나와 직선 다, 직선 나와 직선 마 ➡ 3쌍

4 직선 가와 직선 라, 직선 나와 직선 마 ➡ 2쌍

④ 도형에서 수직인 변 찾기 103쪽

1 가, 다   **2** 나, 다

3 가, 나   **4** 가, 다

5 가, 다

1
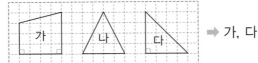
➡ 가, 다

2
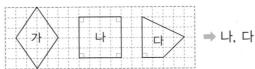
➡ 나, 다

3
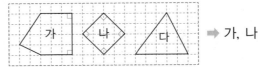
➡ 가, 나

4 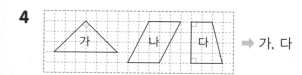 ➡ 가, 다

5 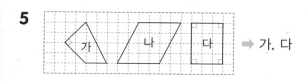 ➡ 가, 다

---

⑤ 수선 긋기   104쪽

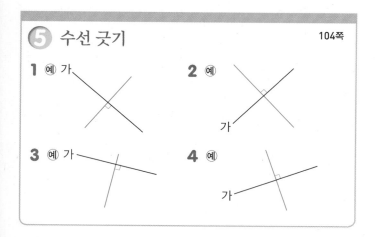

방법 1 삼각자를 이용하여 긋기
삼각자의 직각을 낀 변 중 한 변을 직선 가에 맞추고 직각을 낀 다른 한 변을 따라 직선을 긋습니다.

방법 2 각도기를 이용하여 긋기
직선 가 위에 점을 찍고, 각도기의 중심을 이 점에 맞춘 후 각도기의 밑금을 직선 가와 일치하도록 맞춥니다. 각도기에서 90°가 되는 눈금 위에 점을 찍어 두 점을 직선으로 잇습니다.

---

⑥ 한 점을 지나는 수선 긋기   104쪽

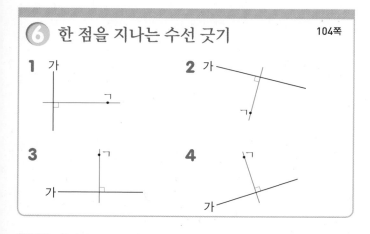

방법 1 삼각자를 이용하여 긋기
삼각자의 직각을 낀 변 중 한 변을 직선 가에 맞추고 직각을 낀 다른 한 변을 점 ㄱ이 지나도록 놓은 후 직선을 긋습니다.

방법 2 각도기를 이용하여 긋기
각도기에서 90°가 되는 눈금을 직선 가와 일치시키고 각도기의 밑금이 점 ㄱ을 지나도록 맞춘 후 각도기의 밑금 끝에 점을 찍어 두 점을 직선으로 잇습니다.

---

⑦ 수직을 이용하여 각도 구하기   105쪽

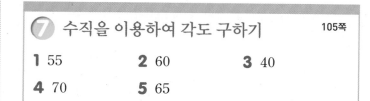

1 55	**2** 60	**3** 40
4 70	**5** 65	

1 직선 나와 직선 다가 만나서 이루는 각도가 90°입니다.
$\square° = 180° - 35° - 90° = 55°$

2 $\square° = 180° - 90° - 30° = 60°$

3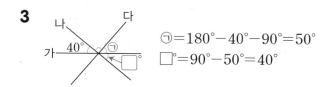

$\bigcirc = 180° - 40° - 90° = 50°$
$\square° = 90° - 50° = 40°$

4 $\square° = 180° - 20° - 90° = 70°$

5 $\square° = 180° - 90° - 25° = 65°$

---

⑧ 평행선 찾기   105쪽

1 2쌍	**2** 2쌍
3 2쌍	**4** 3쌍

1 평행선은 직선 가와 직선 나, 직선 다와 직선 라로 모두 2쌍입니다.

2 평행선은 직선 다와 직선 마, 직선 라와 직선 바로 모두 2쌍입니다.

3 평행선은 직선 가와 직선 나, 직선 라와 직선 바로 모두 2쌍입니다.

4 평행선은 직선 가와 직선 나, 직선 다와 직선 마, 직선 라와 직선 바로 모두 3쌍입니다.

---

⑨ 도형에서 평행한 변 찾기   106쪽

1 변 ㄱㄴ과 변 ㄹㄷ

2 변 ㄱㄴ과 변 ㄹㄷ, 변 ㄱㄹ과 변 ㄴㄷ

3 변 ㄱㄹ과 변 ㄴㄷ

4 변 ㄱㄴ과 변 ㄹㄷ, 변 ㄱㄹ과 변 ㄴㄷ

5 변 ㄴㄷ과 변 ㅁㄹ

⑩ 수선과 평행선이 있는 도형 찾기　106쪽

1 나　　**2** 가　　**3** 가
4 나　　**5** 다

1
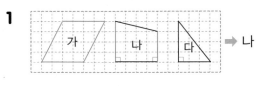 ➡ 나

2
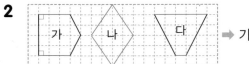 ➡ 가

3
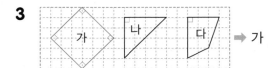 ➡ 가

4
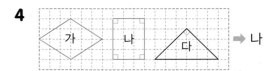 ➡ 나

5
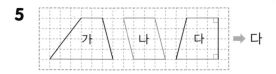 ➡ 다

⑪ 꿀벌 집 찾기　107쪽

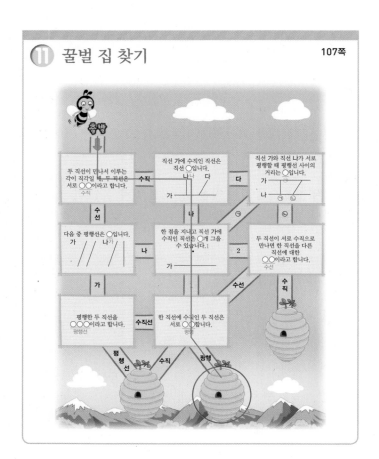

⑫ 평행선 긋기 (1)　108쪽

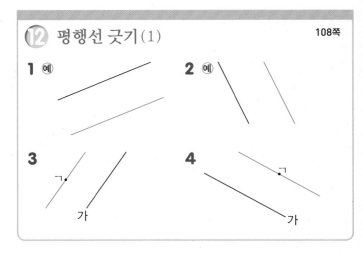

1~2 한 삼각자를 주어진 직선에 수직이 되도록 고정하고 다른 삼각자를 고정한 삼각자와 수직이 되도록 놓은 후 움직여 평행선을 긋습니다.

3~4 삼각자의 직각을 낀 변 중 한 변을 직선 가에 맞추고 직각을 낀 다른 한 변이 점 ㄱ을 지나도록 놓은 후 다른 삼각자를 이용하여 평행선을 긋습니다.

⑬ 평행선 사이의 거리를 나타내는 선분 찾기　108쪽

1 선분 ㄱㄴ　　**2** 선분 ㄱㅁ　　**3** 선분 ㅇㅂ
4 선분 ㅅㅂ　　**5** 선분 ㅇㅂ

1 변 ㄱㄹ과 변 ㄴㄷ 사이의 수선의 길이는 선분 ㄱㄴ의 길이입니다.

2 변 ㄱㄹ과 변 ㄴㄷ 사이의 수선의 길이는 선분 ㄱㅁ의 길이입니다.

3 변 ㄱㄹ과 변 ㄴㄷ 사이의 수선의 길이는 선분 ㅇㅂ의 길이입니다.

4 변 ㄱㄹ과 변 ㄴㄷ 사이의 수선의 길이는 선분 ㅅㅂ의 길이입니다.

5 변 ㄱㄹ과 변 ㄴㄷ 사이의 수선의 길이는 선분 ㅇㅂ의 길이입니다.

⑭ 평행선 사이의 거리 구하기　109쪽

1 2.5 cm　　**2** 4 cm
3 3 cm　　**4** 3.5 cm

⑮ 평행선 긋기 (2)

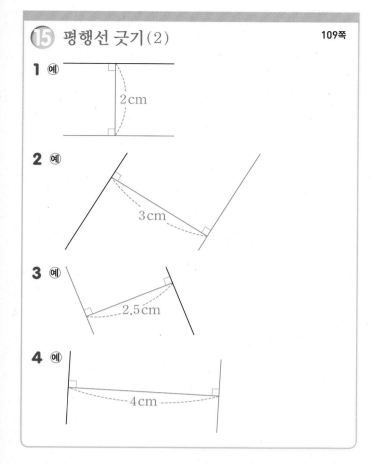

109쪽

1 예

2 예

3 예

4 예

1~4 주어진 직선에 수선을 그은 후 수선 위에 평행선 사이의 거리만큼 떨어진 곳에 점을 찍고 그 점을 지나면서 주어진 직선에 평행한 직선을 긋습니다.

4 사다리꼴, 평행사변형 알아보기

111쪽

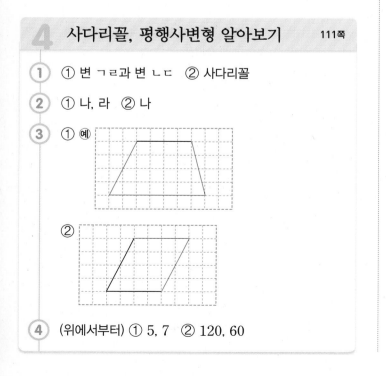

① ① 변 ㄱㄹ과 변 ㄴㄷ ② 사다리꼴

② ① 나, 라 ② 나

③ ① 예

②

④ (위에서부터) ① 5, 7 ② 120, 60

---

1 ② 평행한 변이 한 쌍 있으므로 사다리꼴입니다.

2 ① 평행한 변이 한 쌍이라도 있는 사각형은 나, 라이므로 사다리꼴은 나, 라입니다.
② 마주 보는 두 쌍의 변이 서로 평행한 사각형은 나이므로 평행사변형은 나입니다.

4 ① 평행사변형은 마주 보는 두 변의 길이가 같습니다.
② 평행사변형은 마주 보는 두 각의 크기가 같습니다.

5 마름모 알아보기

113쪽

① ① 변 ㄴㄷ, 변 ㄷㄹ, 변 ㄹㄱ ② 마름모

② 다, 라

③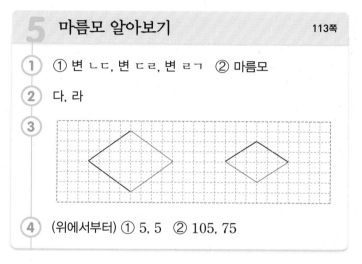

④ (위에서부터) ① 5, 5 ② 105, 75

1 네 변의 길이가 모두 같은 사각형을 마름모라고 합니다.

2 네 변의 길이가 모두 같은 사각형은 다, 라입니다.

3 주어진 선분을 두 변으로 하고 네 변의 길이가 모두 같도록 마름모를 각각 완성합니다.

4 ① 마름모는 네 변의 길이가 모두 같습니다.
② 마름모는 마주 보는 두 각의 크기가 같습니다.

6 여러 가지 사각형 알아보기

115쪽

① 나, 라, 마 / 라, 마

② ① 가, 나, 다, 라, 마 ② 가, 나, 라, 마 ③ 가, 라
④ 가, 나

③ ① 가, 나, 다, 라, 마 ② 가, 다, 라, 마 ③ 가, 다

2 ① 평행한 변이 한 쌍이라도 있는 사각형을 찾습니다.
② 마주 보는 두 쌍의 변이 서로 평행한 사각형을 찾습니다.
③ 네 변의 길이가 모두 같은 사각형을 찾습니다.
④ 네 각이 모두 직각인 사각형을 찾습니다.

기본기 강화 문제

⑯ 사다리꼴 찾기　116쪽

1 다, 라　　　　　**2** 나, 다, 마, 바

3 가, 나, 다, 마

1~3 평행한 변이 한 쌍이라도 있는 사각형을 모두 찾습니다.

⑰ 사다리꼴 완성하기　116쪽

1 예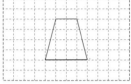

2 예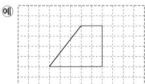

3 예

4 예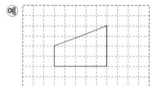

5 예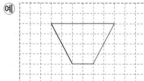

⑱ 평행사변형 찾기　117쪽

1 가, 라, 마　　　　　**2** 나, 다, 마, 바

3 가, 다, 라

1~3 마주 보는 두 쌍의 변이 서로 평행한 사각형을 모두 찾습니다.

⑲ 평행사변형 완성하기　117쪽

1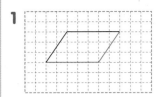

2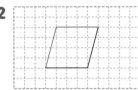

3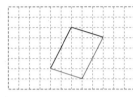

4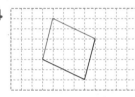

5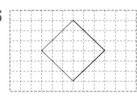

1~5 주어진 선분을 두 변으로 하여 마주 보는 두 쌍의 변이 서로 평행한 사각형을 완성합니다.

⑳ 평행사변형의 성질　118쪽

1 (왼쪽에서부터) 16, 13　　**2** (왼쪽에서부터) 65, 115

3 (왼쪽에서부터) 75, 13　　**4** (왼쪽에서부터) 17, 110

5 135

1 평행사변형은 마주 보는 두 변의 길이가 같습니다.

2 평행사변형은 마주 보는 두 각의 크기가 같습니다.

3 평행사변형은 마주 보는 두 변의 길이가 같고, 마주 보는 두 각의 크기가 같습니다.

4 평행사변형은 이웃한 두 각의 크기의 합이 $180°$입니다.
➡ $\Box° = 180° - 70° = 110°$

5

平행사변형은 마주 보는 두 각의 크기가 같으므로
㉠=45°입니다.
➡ ☐°=180°−45°=135°

㉑ 마름모 찾기
118쪽

1 나, 바 **2** 다, 마 **3** 가, 라, 바

1~3 네 변의 길이가 모두 같은 사각형을 찾습니다.

㉒ 마름모 완성하기
119쪽

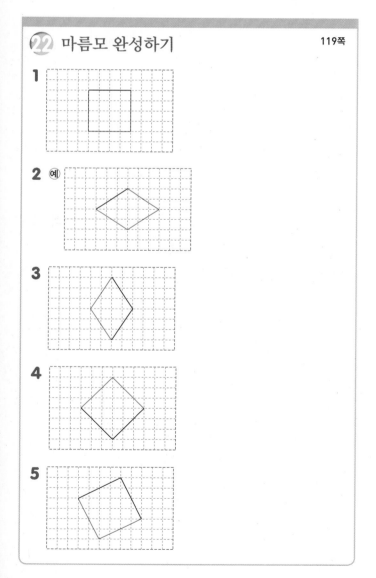

1~5 주어진 선분을 변으로 하고 네 변의 길이가 모두 같은
사각형을 완성합니다.

㉓ 마름모의 성질
119쪽

1 (위에서부터) 13, 13, 13 **2** (위에서부터) 6, 70

3 (위에서부터) 60, 7 **4** (위에서부터) 5, 125

5 (위에서부터) 90, 6, 8

1 마름모는 네 변의 길이가 모두 같습니다.

2 마름모는 네 변의 길이가 모두 같고, 마주 보는 두 각의
크기가 같습니다.

3 마름모는 네 변의 길이가 모두 같고, 마주 보는 두 각의
크기가 같습니다.

4 마름모는 이웃한 두 각의 크기의 합이 180°입니다.
➡ ☐°=180°−55°=125°

5 마름모는 마주 보는 꼭짓점끼리 이은 선분이 서로 수직으
로 만납니다. ➡ ☐°=90°
마주 보는 꼭짓점끼리 이은 선분이 서로 이등분합니다.

㉔ 도형판에서 여러 가지 사각형 만들기
120쪽

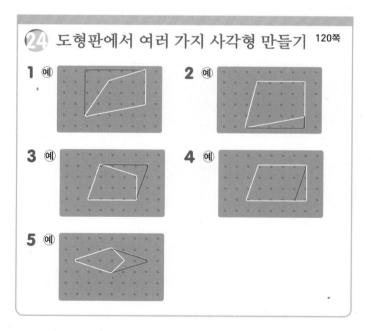

1~2 평행한 변이 한 쌍이라도 있도록 한 꼭짓점을 옮겨서 사
다리꼴을 만듭니다.

3~4 마주 보는 두 쌍의 변이 서로 평행하도록 한 꼭짓점을
옮겨서 평행사변형을 만듭니다.

5 네 변의 길이가 모두 같도록 한 꼭짓점을 옮겨서 마름모
를 만듭니다.

25 직사각형과 정사각형 찾기   120쪽

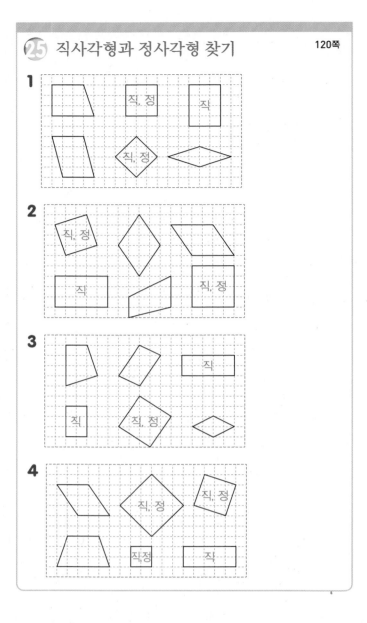

26 미로 통과하기   121쪽

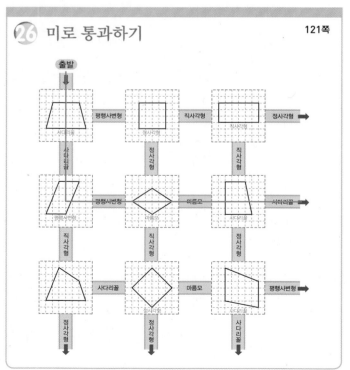

· 마주 보는 한 쌍의 변이 서로 평행하므로 사다리꼴입니다.

· 네 변의 길이가 모두 같고, 네 각이 모두 직각이므로 정사각형입니다.

· 네 각이 모두 직각이므로 직사각형입니다.

· 마주 보는 두 쌍의 변이 서로 평행하므로 평행사변형입니다.

· 네 변의 길이가 모두 같으므로 마름모입니다.

· 마주 보는 한 쌍의 변이 서로 평행하므로 사다리꼴입니다.

· 네 변의 길이가 모두 같고, 네 각이 모두 직각이므로 정사각형입니다.

· 마주 보는 한 쌍의 변이 서로 평행하므로 사다리꼴입니다.

27 여러 가지 사각형 분류하기(1)   122쪽

1 가, 나, 다, 라, 마, 바 / 나, 다, 라, 마 / 나, 다 / 다, 마 / 다

2 가, 나, 라, 마, 바 / 나, 라, 마, 바 / 라, 마 / 나, 마 / 마

1~2 사각형의 변의 길이와 각의 크기를 재어 사각형을 분류해 봅니다.

28 여러 가지 사각형 분류하기(2)   122쪽

1 가, 나, 다, 라, 마 / 가, 나, 라 / 가 / 가, 나 / 가

2 가, 나, 다, 라, 마, 바 / 가, 라, 바 / 바 / 가, 바 / 바

3 가, 나, 다, 라, 마, 바 / 나, 마, 바 / 마 / 마, 바 / 마

1~3 사각형의 변의 길이와 각의 크기를 재어 사각형을 분류해 봅니다.

단원 평가
123~125쪽

1 직선 라

2 직선 나

3 ㉢, ㉠, ㉣, ㉡

4 변 ㄱㅁ과 변 ㄴㄷ

5 3쌍

6 4 cm

7
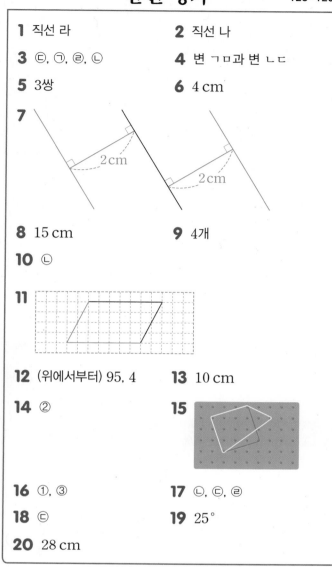

8 15 cm

9 4개

10 ㉡

11

12 (위에서부터) 95, 4

13 10 cm

14 ②

15

16 ①, ③

17 ㉡, ㉢, ㉣

18 ㉢

19 25°

20 28 cm

---

1 직선 가와 만나서 이루는 각이 직각인 직선은 직선 라입니다.

2 직선 다와 수직인 직선은 직선 나입니다.

4 한 직선에 수직인 두 직선은 서로 평행합니다.

5 직선 가와 직선 나, 직선 다와 직선 바, 직선 마와 직선 사 ➡ 3쌍

6 평행한 두 직선 사이의 수선의 길이는 4 cm입니다.

7 ① 주어진 직선에 수선을 반대 방향으로 각각 1개씩 긋습니다.
② 수선 위에 직선에서 2 cm 떨어진 곳에 각각 점을 찍습니다.
③ ②에서 찍은 점을 지나면서 주어진 직선에 평행한 직선을 긋습니다.

8 (변 ㄱㅇ과 변 ㄴㄷ 사이의 거리)
＝(변 ㅇㅅ)＋(변 ㅂㅁ)＋(변 ㄹㄷ)
＝8＋5＋2＝15 (cm)

9

평행한 변이 한 쌍이라도 있는 사각형은 4개 만들어집니다.

10 사다리꼴은 평행한 변이 한 쌍이라도 있는 사각형이므로 꼭짓점이 될 수 있는 점은 ㉡입니다.

11 마주 보는 두 쌍의 변이 서로 평행하도록 주어진 선분을 두 변으로 하는 평행사변형을 완성합니다.

12 평행사변형은 마주 보는 변의 길이가 같고, 마주 보는 각의 크기가 같습니다.

13 평행사변형은 마주 보는 변의 길이가 같으므로
(변 ㄱㄴ)＝(변 ㄹㄷ)＝7 cm입니다.
(변 ㄱㄹ)＋(변 ㄴㄷ)＝34－7－7＝20 (cm)이고,
(변 ㄱㄹ)＝(변 ㄴㄷ)이므로
(변 ㄱㄹ)＝20÷2＝10 (cm)입니다.

14 ② 네 각의 크기가 모두 같은 사각형은
직사각형, 정사각형입니다.

15 네 변의 길이가 모두 같도록 한 꼭짓점을 옮겨서 마름모를 만듭니다.

16 마주 보는 두 쌍의 변이 서로 평행하므로
사다리꼴, 평행사변형입니다.

17 ㉠ 직사각형은 네 변의 길이가 모두 같지 않습니다.

18 마름모는 네 변의 길이가 모두 같으므로 마름모를 만들려면 길이가 같은 막대 4개가 필요합니다.
따라서 마름모를 만들 수 없습니다.

서술형
19 직선 가와 직선 나가 만나서 이루는 각도는 90°입니다.
㉡＝90°－65°＝25°

평가 기준	배점(5점)
직선 가와 직선 나가 만나서 이루는 각도를 알았나요?	2점
㉡은 몇 도인지 구했나요?	3점

서술형
20 마름모는 네 변의 길이가 모두 같으므로
네 변의 길이의 합은 7×4＝28 (cm)입니다.

평가 기준	배점(5점)
마름모의 변의 길이의 성질을 알았나요?	2점
마름모의 네 변의 길이의 합을 구했나요?	3점

정답과 풀이 **39**

5 꺾은선그래프

서진이는 기르고 있는 토마토의 키의 변화를 알아보기 위해 5일마다 키를 재었어요.
점들을 이어 토마토의 키를 꺾은선그래프로 나타내어 보세요.

---

1 꺾은선그래프 알아보기   129쪽

① ① 꺾은선그래프 ② 월, 키

② ① 1 ℃ ② 교실의 온도의 변화 ③ 20 ℃

2 ① 세로 눈금 5칸이 5 ℃를 나타내므로 세로 눈금 한 칸은 1 ℃를 나타냅니다.

2 꺾은선그래프 내용 알아보기   131쪽

① ① 연도, 판매량 ② 10대 ③ 2020년

② ① 예 나 그래프는 물결선이 있습니다.

② 나

1 ③ 2018년에 비해 2019년은 10대, 2019년에 비해 2020년은 40대, 2020년에 비해 2021년은 20대 줄어들었으므로 자동차 판매량이 가장 많이 줄어든 때는 2020년입니다.

3 꺾은선그래프로 나타내기, 꺾은선그래프 이용하기   133쪽

① ① 기온

② 예

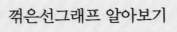

② ① 나 ② 가

1 ② 세로 눈금 한 칸의 크기는 1 ℃가 되게 정합니다.

2 ① 1월에 잰 가 강아지의 무게는 4.1 kg이고, 나 강아지의 무게는 4.4 kg이므로 처음에 더 무거운 강아지는 나 강아지입니다.

② 꺾은선이 많이 기울어진 그래프는 가 강아지의 무게를 나타낸 그래프입니다. 따라서 무게가 더 빠르게 늘어난 강아지는 가 강아지입니다.

기본기 강화 문제

① 꺾은선그래프 알아보기   134쪽

1 시각   **2** 기온   **3** 2℃

4 9월 하루 기온의 변화   **5** 14℃

3 세로 눈금 5칸이 10℃를 나타내므로 세로 눈금 한 칸은 10÷5=2 (℃)를 나타냅니다.

② 꺾은선그래프를 보고 표 완성하기   134쪽

1 7, 9, 7, 10, 12   **2** 14, 16, 18, 22, 26

3 2, 6, 11, 14, 16

1 세로 눈금 한 칸은 1회를 나타냅니다.

2 세로 눈금 한 칸은 2 kg을 나타냅니다.

3 세로 눈금 한 칸은 1 cm를 나타냅니다.

③ 막대그래프와 꺾은선그래프의 비교   135쪽

1 ⑩ 가로는 월, 세로는 판매량을 나타냅니다.

2 ⑩ 자료 값을 막대그래프는 막대로, 꺾은선그래프는 선분으로 이어서 나타냈습니다.

3 꺾은선그래프

3 판매량의 변화는 꺾은선그래프의 선분의 기울어진 정도를 보면 쉽게 알 수 있습니다.

④ 꺾은선그래프의 내용 알아보기   135쪽

1 연도, 적설량   **2** 12 mm

3 2020년   **4** 2019년과 2020년 사이

5 2017년과 2018년 사이

4 선분이 가장 많이 기울어진 때는 2019년과 2020년 사이입니다.

⑤ 물결선을 사용한 꺾은선그래프의 내용 알아보기   136쪽

1 물결선   **2** 0.1℃

3 0.5℃   **4** 오전 11시와 낮 12시 사이

5 오후 1시와 오후 2시 사이

2 세로 눈금 5칸이 0.5℃를 나타내므로 세로 눈금 한 칸은 0.1℃를 나타냅니다.

3 체온이 가장 높을 때 체온은 37.7℃이고, 가장 낮을 때 체온은 37.2℃입니다.
→ 37.7−37.2=0.5 (℃)

4 선분이 가장 많이 기울어진 때는 오전 11시와 낮 12시 사이입니다.

5 선분이 기울어지지 않은 때는 오후 1시와 오후 2시 사이입니다.

⑥ 꺾은선그래프에서 중간값 추측하기   136쪽

1 ⑩ 1.7℃   **2** ⑩ 1.9 cm

1 30분이 지났을 때 온도는 1.9℃이고, 40분이 지났을 때 온도는 1.5℃입니다. 따라서 35분이 지났을 때 온도는 1.9℃와 1.5℃의 중간인 1.7℃였을 것이라고 생각합니다.

2 10일 애벌레의 길이는 1.7 cm이고, 12일 애벌레의 길이는 2.1 cm입니다. 따라서 11일 애벌레의 길이는 1.7 cm와 2.1 cm의 중간인 1.9 cm였을 것이라고 생각합니다.

⑦ 꺾은선그래프로 나타내기   137쪽

1 ⑩

은지네 가족의 쌀 소비량

2 예

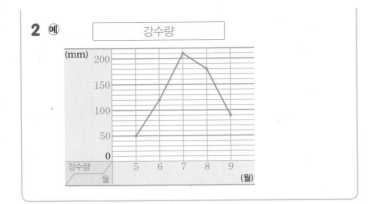

1 가로에는 월, 세로에는 소비량을 나타낸 후 월별 쌀 소비량을 세로 눈금에서 찾아 만나는 곳에 점을 찍고, 점을 선분으로 잇습니다. 마지막으로 꺾은선그래프의 제목을 씁니다.

⑧ 물결선을 사용하여 꺾은선그래프로 나타내기   137쪽

1 예

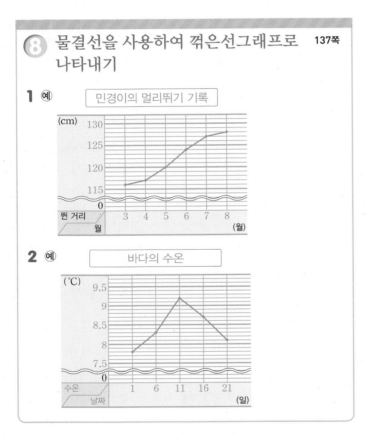

2 예

1 물결선 위로 시작할 수를 정하여 가로에는 월, 세로에는 뛴 거리를 나타낸 후 월별로 뛴 거리를 세로 눈금에서 찾아 만나는 곳에 점을 찍고, 점을 선분으로 잇습니다. 마지막으로 꺾은선그래프의 제목을 씁니다.

⑨ 꺾은선그래프를 보고 예상하기   138쪽

1 예 138 kg   **2** 예 오전 5시 19분

1 2019년부터 2021년까지 매년 3 kg씩 늘어났으므로 2022년에는 2021년보다 3 kg 더 늘어난 138 kg이 될 것이라고 예상합니다.

2 8일부터 29일까지 일주일마다 5분씩 늦어지고 있으므로 8월 5일의 해 뜨는 시각은 오전 5시 19분이 될 것이라고 예상합니다.

⑩ 2개의 꺾은선그래프 비교하기   138쪽

1 태호   **2** 콩떡 분식점

1 꺾은선이 많이 기울어지다가 적게 기울어진 그래프는 태호의 몸무게를 나타내는 그래프입니다.

2 맛나 분식점: 1900−600=1300(명)
콩떡 분식점: 17000−13000=4000(명)
따라서 콩떡 분식점이 손님 수가 더 많이 늘었습니다.

⑪ 자료를 조사하여 꺾은선그래프로 나타내기   139쪽

1

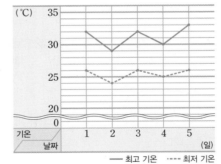

2

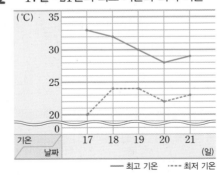

⑫ 자료 값의 합 알아보기   140쪽

1 920대   **2** 278회

1 (5월부터 9월까지 판 에어컨의 수)
$= 80+200+280+320+40=920$(대)

2 (5일 동안 모둠발로 뒤로 줄넘기를 한 횟수)
$= 52+56+53+58+59=278$(회)

---

⑬ 한 그래프에서 2개의 꺾은선 비교하기 140쪽

1 2018년   **2** 2017년, 90명

2 두 점의 간격이 가장 큰 때는 2017년이고, 차는
$340-250=90$(명)입니다.

단원 평가   141~143쪽

1 시각, 온도   **2** 11, 12, 15, 19, 17

3 오후 1시   **4** 낮 12시와 오후 1시 사이

5 (1) 꺾은선그래프   (2) 물결선

6 20타, 1타   **7** 나   **8** 13타

9 예

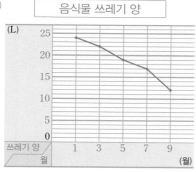

음식물 쓰레기 양

10 예 줄어들고 있습니다.   **11** 9월

12 예 18 L   **13** 37.6 kg부터 38.9 kg까지

14 예

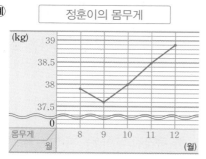

정훈이의 몸무게

15 가   **16** 246회

17 3일   **18** 9일, 0.6 cm

19 4000달러   **20** 예 86000달러

---

4 선분이 가장 많이 기울어진 때는 낮 12시와 오후 1시 사이입니다.

6 가: 세로 눈금 5칸이 100타를 나타내므로 세로 눈금 한 칸은 $100 \div 5=20$(타)를 나타냅니다.
나: 세로 눈금 5칸이 5타를 나타내므로 세로 눈금 한 칸은 1타를 나타냅니다.

8 1주 타수는 201타이고, 4주 타수는 214타이므로
$214-201=13$(타) 더 많습니다.

11 선분이 가장 많이 기울어진 때를 찾으면 7월과 9월 사이이므로 가장 많이 줄어든 때는 9월입니다.

12 5월과 7월 음식물 쓰레기 양의 중간인 18 L였을 것이라고 생각합니다.

13 몸무게가 가장 가벼운 때는 37.6 kg이고, 가장 무거운 때는 38.9 kg입니다.

14 월별 몸무게를 세로 눈금에서 찾아 만나는 곳에 점을 찍고, 선분으로 잇습니다.

15 가와 나 중 선분의 기울기가 심하게 변한 지역은 가 지역입니다.

16 (6일 동안 윗몸 말아 올리기를 한 횟수)
$= 32+36+38+42+46+52=246$(회)

17 두 꺾은선이 만나는 때는 3일이므로 두 식물의 키가 같아지는 때는 3일입니다.

18 두 꺾은선이 많이 벌어진 때는 9일이고, 키의 차는 $1.6-1=0.6$ (cm)입니다.

서술형
19 2018년에는 81000달러, 2021년에는 85000달러이므로 4000달러 늘었습니다.

평가 기준	배점(5점)
2018년과 2021년의 수출액을 각각 구했나요?	3점
3년 동안 늘어난 수출액을 구했나요?	2점

서술형
20 2019년부터 2021년까지 매년 1000달러씩 늘었으므로 2022년에는 86000달러가 될 것이라고 예상합니다.

평가 기준	배점(5점)
2019년부터 매년 몇 달러씩 늘었는지 구했나요?	3점
2022년의 수출액을 예상했나요?	2점

6 다각형

기수네 마을 지도예요. 마을은 여러 가지 도형으로 구역이 나누어져 있어요.
사각형 구역을 모두 찾아 변을 따라서 선을 그려 보세요.

1 다각형 알아보기   147쪽

① ① 가, 나, 라   ② 다각형

②

③ 나, 라

④ ① 정오각형   ② 정육각형

2 변이 8개인 다각형은 팔각형, 변이 5개인 다각형은 오각형, 변이 3개인 다각형은 삼각형입니다.

3 변의 길이가 모두 같고, 각의 크기가 모두 같은 다각형은 나, 라입니다.

4 ① 변이 5개인 정다각형은 정오각형입니다.
② 변이 6개인 정다각형은 정육각형입니다.

주의 ① 정다각형의 이름을 물어 보았으므로 오각형이 아닌 정오각형으로 써야 합니다.

2 대각선 알아보기   149쪽

① 대각선

②

③ 3개

④ ① 다, 라   ② 다, 마

1 다각형에서 이웃하지 않는 두 꼭짓점을 이은 선분을 대각선이라고 합니다.

2 이웃하지 않는 꼭짓점끼리 선으로 잇습니다.

3 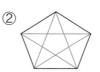 한 꼭짓점과 이웃하지 않는 꼭짓점이 3개이므로 한 꼭짓점에서 대각선을 3개 그을 수 있습니다.

참고 대각선은 자기 자신과 이웃하는 두 꼭짓점에는 그을 수 없습니다.

4 ① 두 대각선의 길이가 같은 사각형은 정사각형과 직사
각형입니다.
② 두 대각선이 서로 수직으로 만나는 사각형은 정사각
형과 마름모입니다.

3 변이 10개인 다각형은 십각형입니다.

4 변이 6개인 다각형은 육각형입니다.

5 변이 9개인 다각형은 구각형입니다.

---

3 모양 만들기, 모양 채우기   151쪽

① 삼각형, 사각형, 육각형에 ○표

② 2, 3

③ (예)

④ ① (예)   ② (예)

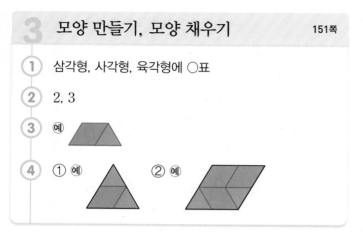

1 ▲ 모양 조각은 삼각형, ⬡ 모양 조각은 육각형,

◆ 모양 조각은 사각형입니다.

2 ▲ 모양 조각: 삼각형

▱ 모양 조각과 ▰ 모양 조각: 사각형

3 평행한 변이 한 쌍이라도 있는 사각형을 만듭니다.

 , , 등과 같
이 여러 가지 방법으로 만들 수 있습니다.

---

2 다각형 완성하기   152쪽

1 (예)   **2** (예)

3 (예)   **4** (예)

5 (예)

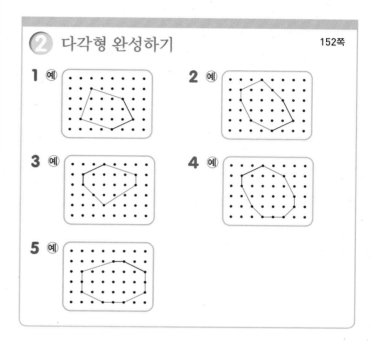

1 변이 5개인 다각형을 그립니다.

2 변이 7개인 다각형을 그립니다.

3 변이 6개인 다각형을 그립니다.

4 변이 9개인 다각형을 그립니다.

5 변이 8개인 다각형을 그립니다.

기본기 강화 문제

1 다각형 알아보기   152쪽

1 팔각형   **2** 칠각형   **3** 십각형

4 육각형   **5** 구각형

1 변이 8개인 다각형은 팔각형입니다.

2 변이 7개인 다각형은 칠각형입니다.

---

3 정다각형 알아보기   153쪽

1 가, 다   **2** 나, 다

3 가, 다   **4** 나, 다

5 가, 나

1~5 변의 길이가 모두 같고, 각의 크기가 모두 같은 다각형
을 찾습니다.

4 정다각형의 변의 길이와 153쪽
  각의 크기 알아보기

1 8   **2** 135

3 (왼쪽에서부터) 108, 7   **4** (왼쪽에서부터) 140, 3

5 (왼쪽에서부터) 4, 60

1 정오각형은 다섯 변의 길이가 모두 같습니다.

2 정팔각형은 여덟 각의 크기가 모두 같습니다.

3 정오각형은 다섯 변의 길이가 모두 같고, 다섯 각의 크기가 모두 같습니다.

4 정구각형은 아홉 변의 길이가 모두 같고, 아홉 각의 크기가 모두 같습니다.

5 정육각형은 여섯 변의 길이가 모두 같고, 여섯 각의 크기가 모두 같습니다.

정육각형의 한 각의 크기는 120°이므로 ㉠=120°이고
□°=180°−㉠
=180°−120°=60°입니다.

5 정다각형의 모든 변의 길이의 합 구하기 154쪽

1 10 cm   **2** 24 cm   **3** 54 cm

4 28 cm   **5** 50 cm

1 정오각형은 5개의 변의 길이가 모두 같으므로
모든 변의 길이의 합은 2×5=10 (cm)입니다.

2 정팔각형은 8개의 변의 길이가 모두 같으므로
모든 변의 길이의 합은 3×8=24 (cm)입니다.

3 정육각형은 6개의 변의 길이가 모두 같으므로
모든 변의 길이의 합은 9×6=54 (cm)입니다.

4 정칠각형은 7개의 변의 길이가 모두 같으므로
모든 변의 길이의 합은 4×7=28 (cm)입니다.

5 정십각형은 10개의 변의 길이가 모두 같으므로
모든 변의 길이의 합은 5×10=50 (cm)입니다.

6 도형이 아닌 이유 쓰기 154쪽

1 예 곡선이 포함된 도형이기 때문입니다.

2 예 변의 길이와 각의 크기가 모두 같지 않기 때문입니다.

3 가 / 예 일부분이 열려 있기 때문입니다.

4 가 / 예 변의 길이와 각의 크기가 모두 같지 않기 때문입니다.

1 다각형은 선분으로만 둘러싸인 도형입니다.

2 정다각형은 변의 길이가 모두 같고, 각의 크기가 모두 같은 다각형입니다.

3 다각형은 선분으로만 둘러싸인 도형이어야 하는데 일부분이 열려 있어서 다각형이 아닙니다.

7 대각선의 수 알아보기 155쪽

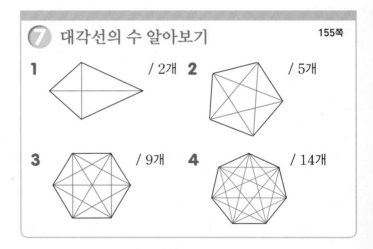

1 / 2개   **2** / 5개

3 / 9개   **4** / 14개

1 대각선은 서로 이웃하지 않는 두 꼭짓점을 이은 선분입니다.

2 이웃하지 않는 두 꼭짓점을 모두 이어 보고 이은 선분을 빠짐없이 세어 봅니다.
오각형의 한 꼭짓점에서 그을 수 있는 대각선은
5−3=2(개)입니다. 모든 꼭짓점에서 2개씩 그었는지 확인합니다.

3 육각형의 한 꼭짓점에서 그을 수 있는 대각선은
6−3=3(개)입니다. 모든 꼭짓점에서 3개씩 그었는지 확인합니다.

4 칠각형의 한 꼭짓점에서 그을 수 있는 대각선은
7−3=4(개)입니다. 모든 꼭짓점에서 4개씩 그었는지 확인합니다.

⑧ 사각형의 대각선의 성질　155쪽

1 다, 라　　**2** 다　　**3** 다
4 다, 라　　**5** 가, 다　　**6** 다

1 두 대각선이 서로 수직으로 만나는 사각형은 정사각형과 마름모입니다. ➡ 정사각형: 다, 마름모: 라

2 두 대각선의 길이가 같은 사각형은 정사각형과 직사각형입니다. ➡ 정사각형: 다

3 두 대각선의 길이가 같고 서로 수직으로 만나는 사각형은 정사각형입니다. ➡ 정사각형: 다

4 두 대각선이 서로 수직으로 만나는 사각형은 정사각형과 마름모입니다. ➡ 정사각형: 다, 마름모: 라

5 두 대각선의 길이가 같은 사각형은 정사각형과 직사각형입니다. ➡ 정사각형: 다, 직사각형: 가

6 두 대각선의 길이가 같고 서로 수직으로 만나는 사각형은 정사각형입니다. ➡ 정사각형: 다

⑨ 모양을 만드는 데 사용한 다각형 알아보기　156쪽

1 3개　　**2** 4개　　**3** 3개
4 4개　　**5** 4개

1  ➡ 3개

2  ➡ 4개

3  ➡ 3개

4  ➡ 4개

5  ➡ 4개

⑩ 서로 다른 방법으로 모양 만들기　156쪽

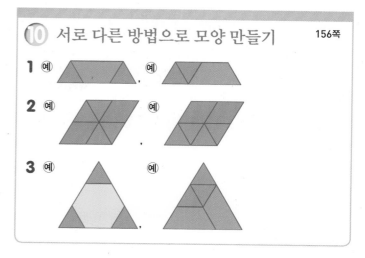

1 정삼각형과 사다리꼴 모양 조각을 모두 사용하여 서로 다른 방법으로 사다리꼴을 만듭니다.

 과 같이 만들 수도 있습니다.

2 정삼각형과 마름모 모양 조각을 모두 사용하여 서로 다른 방법으로 평행사변형을 만듭니다.

3 정삼각형, 사다리꼴, 정육각형 모양 조각 중 2가지를 사용하여 서로 다른 방법으로 정삼각형을 만들어 봅니다.

⑪ 모양 채우기　157쪽

단원 평가

1 가, 다, 라　　　　**2** 가, 라

3 변, 변　　　　　　**4** 칠각형

5

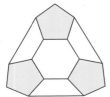

6 정팔각형

7 (예)

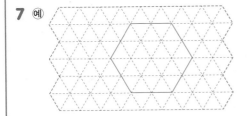

8 1080°　　　　　　**9** 선분 ㄱㄷ, 선분 ㄴㄹ

10 ④　　　　　　　**11** 90

12 ㉡, ㉢　　　　　**13** 14개

14 10 cm　　　　　**15** 5개

16

17

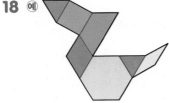

18 (예)

19 다각형은 선분으로만 둘러싸인 도형인데 둘러싸여 있지 않으므로 다각형이 아닙니다.

20 108 cm

---

1 선분으로만 둘러싸인 도형은 가, 다, 라입니다.

2 변의 길이가 모두 같고, 각의 크기가 모두 같은 다각형은 가, 라입니다.

3 직사각형은 각의 크기가 모두 같지만 변의 길이가 모두 같은 것은 아닙니다.

4 7개의 선분으로 둘러싸인 다각형이므로 칠각형입니다.

5 정오각형은 변의 길이가 모두 같고, 각의 크기가 모두 같은 오각형입니다.

6 8개의 선분으로 둘러싸인 도형이므로 팔각형이고, 8개의 변의 길이가 모두 같고 각의 크기가 모두 같으므로 정팔각형입니다.

8 정팔각형은 8개의 각의 크기가 모두 같으므로 모든 각의 크기의 합은 135°×8=1080°입니다.

9 이웃하지 않는 두 꼭짓점을 이은 선분을 찾습니다.

10 ①, ② 삼각형은 모든 꼭짓점이 이웃하고 있으므로 대각선을 그을 수 없습니다.
③, ⑤ 꼭짓점이 아닌 변 위의 점끼리 연결한 선분은 대각선이 아닙니다.

11 마름모의 두 대각선은 서로 수직으로 만납니다.
➡ □=90°

12 두 대각선이 서로 수직으로 만나는 사각형은 마름모와 정사각형입니다.

13 0개, 9개, 5개
➡ 0+9+5=14(개)

> **주의** 육각형이나 오각형의 대각선의 수를 셀 때 빠뜨리거나 중복되지 않도록 주의합니다.

14 직사각형의 한 대각선이 다른 대각선을 이등분하므로 (선분 ㅁㄷ)=(선분 ㄱㅁ)=5 cm입니다.
직사각형은 두 대각선의 길이가 같으므로 (선분 ㄴㄹ)=(선분 ㄱㄷ)=5+5=10 (cm)입니다.

15  ➡ 5개

16 직각삼각형과 정사각형을 사용하여 평행사변형을 채웁니다.

17 정삼각형 모양 조각이 6개 필요합니다.

19

평가 기준	배점(5점)
다각형이 아닌 이유를 설명했나요?	5점

20 ㉡ 정구각형은 9개의 변의 길이가 모두 같으므로 모든 변의 길이의 합은 12×9=108 (cm)입니다.

평가 기준	배점(5점)
정구각형의 9개의 변의 길이를 알았나요?	2점
정구각형의 모든 변의 길이의 합을 구했나요?	3점

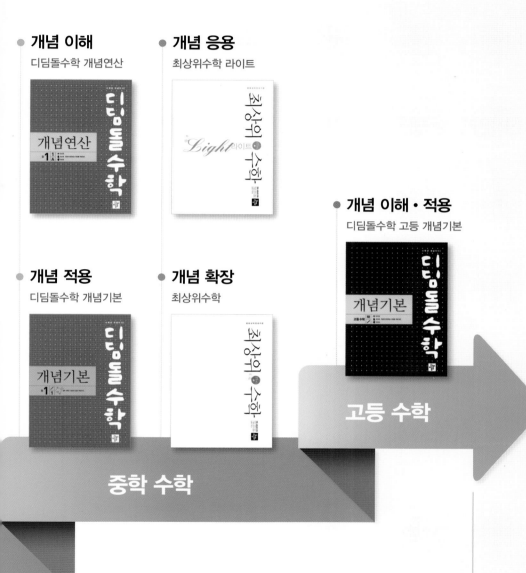

개념 이해
디딤돌수학 개념연산

개념 응용
최상위수학 라이트

개념 이해 · 적용
디딤돌수학 고등 개념기본

개념 적용
디딤돌수학 개념기본

개념 확장
최상위수학

고등 수학

중학 수학

초등부터
고등까지

수학 좀 한다면 디딤돌

개념을 이해하고, 깨우치고, 꺼내 쓰는
올바른 중고등 개념 학습서

다음에는 뭐 풀지?

다음에 공부할 책을 고르기 어려우시다면, 현재 성취도를 먼저 체크해 보세요.
최상위로 가는 맞춤 학습 플랜만 있다면 내 실력에 꼭 맞는 교재를 선택할 수 있어요!
단계에 따라 내 실력을 진단해 보고, 다음 학습도 야무지게 준비해 봐요!

첫 번째, 단원평가의 맞힌 문제 수 또는 점수를 모두 더해 보세요.

단원	맞힌 문제 수	OR	점수 (문항당 5점)
1단원			
2단원			
3단원			
4단원			
5단원			
6단원			
합계			

※ 단원평가는 각 단원의 마지막 코너에 있는 20문항 문제지입니다.